山西省2030年前碳排放达峰行动方案研究(202105)
山西大学2015年中央提升人才事业启动经费(115545016)

URBAN GREENHOUSE GAS ACCOUNTING
AND UNCERTAINTY ANALYSIS

# 城市温室气体核算
# 与不确定性分析

张晓梅 ◎ 著

中国财经出版传媒集团

经济科学出版社
Economic Science Press

**图书在版编目（CIP）数据**

城市温室气体核算与不确定性分析/张晓梅著.
-- 北京：经济科学出版社，2021.8
ISBN 978 - 7 - 5218 - 2786 - 6

Ⅰ. ①城… Ⅱ. ①张… Ⅲ. ①城市 - 温室效应 - 有害
气体 - 大气扩散 - 统计核算 - 中国 Ⅳ. ①X511

中国版本图书馆 CIP 数据核字（2021）第 168986 号

责任编辑：周国强
责任校对：王肖楠
责任印制：张佳裕

**城市温室气体核算与不确定性分析**

张晓梅 著

经济科学出版社出版、发行 新华书店经销
社址：北京市海淀区阜成路甲 28 号 邮编：100142
总编部电话：010 - 88191217 发行部电话：010 - 88191522
网址：www.esp.com.cn
电子邮箱：esp@esp.com.cn
天猫网店：经济科学出版社旗舰店
网址：http://jjkxcbs.tmall.com
固安华明印业有限公司印装
710×1000 16 开 8.25 印张 150000 字
2021 年 8 月第 1 版 2021 年 8 月第 1 次印刷
ISBN 978 - 7 - 5218 - 2786 - 6 定价：48.00 元
（图书出现印装问题，本社负责调换。电话：010 - 88191510）
（版权所有 侵权必究 打击盗版 举报热线：010 - 88191661
QQ：2242791300 营销中心电话：010 - 88191537
电子邮箱：dbts@esp.com.cn）

# 前　　言

　　气候变化已经成为全世界需要共同面对的重大挑战。积极应对气候变化，加快推进绿色低碳发展，是中国实现可持续发展、推进生态文明建设的内在要求。2020 年 9 月 22 日，习近平总书记在第七十五届联合国大会一般性辩论上向世界宣布了中国的碳达峰目标与碳中和愿景。中国将提高国家自主贡献力度，采取更加有力的政策和措施，二氧化碳排放力争于 2030 年前达到峰值，努力争取 2060 年前实现碳中和。城市是能源消耗和温室气体排放的集中地，同时也是碳减排行动制定和实施的重要主体。碳达峰碳中和是"十四五"期间及中国未来数十年内经济发展的主基调，城市将继续在国家低碳发展目标达成的过程中发挥重要作用。

　　编制温室气体清单是城市应对气候变化的基础性工作，是城市制定低碳发展战略规划和衡量低碳工作进展情况的决策依据。2017 年，国家发展改革委在关于开展第三批国家低碳城市试点工作的通知中对试点城市明确提出了编制本地区温室气体排放清单,建立温室气体排放数据的统计、监测与核算体系的要求。本书以城市温室气体清单和不确定性分析为研究对象,探讨了促进多尺度主体减排的温室气体统计核算体系改善途径,并阐述了应用城市温室气体清单核算结果如何促进城市可持续发展。本书的核心内容已经发表于《中国人口·资源与环境》《统计与决策》《环境经济研究》《生态经济》等经济学期刊。本书出版时,作者将核心内容成果做了进一步拓展。

本书首先对温室气体核算与不确定性分析相关研究进行了回顾,对城市温室气体清单的主要核算方法和不确定性分析的主要内容进行了梳理,然后对中国城市的温室气体清单的研究实践现状进行了总结。接下来选取案例城市进行城市温室气体清单核算应用,同时量化分析城市温室气体清单核算的不确定性。在这些研究的基础上提出有助于减少不确定性的中国多尺度温室气体统计核算框架。最后提出应用城市温室气体清单核算结果促进城市可持续发展的总体政策框架路径及对策建议。

山西大学经济与管理学院、中国社会科学院生态文明研究所与山西大学绿色发展研究中心对作者的研究工作给予了大力支持,在此表示诚挚的谢意。由于温室气体核算研究与实践工作日新月异,本书难免存在疏漏和不足,敬请各位读者批评指正。

张晓梅

2020 年 8 月于太原

# 目　　录

|第一章| **绪论** ／ 1

第一节　城市发展与城市温室气体排放 ／ 1

第二节　城市温室气体清单核算的目的与意义 ／ 3

第三节　研究思路和主要内容 ／ 5


|第二章| **温室气体核算研究综述** ／ 7

第一节　基于生产的温室气体核算方法 ／ 8

第二节　基于消费的温室气体核算方法 ／ 10

第三节　温室气体核算不确定性 ／ 15

第四节　小结 ／ 20


|第三章| **城市温室气体清单核算方法** ／ 22

第一节　核算标准与核算边界 ／ 22

第二节　IPCC 城市温室气体清单核算 ／ 28

第三节　GPC 城市温室气体清单核算 ／ 35

第四节　城市温室气体核算不确定性 / 44

第五节　小结 / 48

| 第四章 | **城市温室气体清单核算应用 / 50**

第一节　清单编制数据来源 / 50

第二节　分部门清单编制 / 52

第三节　结果分析 / 74

| 第五章 | **城市温室气体清单不确定性量化分析应用 / 84**

第一节　不确定性参数数据来源 / 85

第二节　误差传递方法 / 88

第三节　蒙特卡洛模拟方法 / 96

第四节　结果分析 / 99

| 第六章 | **中国温室气体统计核算框架研究 / 100**

第一节　中国城市温室气体清单核算实践总结 / 100

第二节　减少不确定性的温室气体统计核算框架研究 / 105

| 第七章 | **城市温室气体核算促进城市可持续发展 / 111**

第一节　低碳发展情景目标设定 / 112

第二节　低碳情景模型分析 / 114

第三节　低碳发展政策实施 / 116

参考文献 / 118

# 第一章

# 绪　论

## 第一节　城市发展与城市
## 温室气体排放

　　城市是经济发展到一定阶段的产物，是人类文明的重要组成部分，同时也是能源消耗和温室气体排放的集中地。随着人口的不断增加和城市规模的不断增长，城市成为世界范围内能源消耗和温室气体排放的重点区域，是全球范围内温室气体排放增加的主要驱动力。城市对人类居住提供各种服务的同时也排放了对环境影响巨大的温室气体。城市人类活动的主要排放源来自工业、建筑和交通部门等。世界范围内的城市化运动带动了大规模、高能耗的城市基础设施需求。城市建筑、交通、供水、供电，供热，废弃物处理等基础设施建设是城市温室气体排放增加的重要来源。经济社会发展水平较高的地区交通、建筑和其他活动产生的排放可能更高。城市系统产生的热岛效应日益影响到城市人居健康环境，城市系统产生大量的排放影响气候变化的同时也非常容易受到气候变化影响。风暴、洪水、干旱、空气污染对城市的基础设施、生态环境和人体健康等不利影响不断威胁着城市生产和生活活动的正常进行。

改革开放以来，中国城市化进程明显加速。城市数目和种类多，多个大城市和特大城市人口超过千万。国家统计局第七次全国人口普查数据显示，2020 年中国常住人口城镇化率达到 63.89%，比 2010 年提高了 14.21 个百分点。虽然中国城镇化速度很快，但是城市化带来的高消耗、高排放等不可持续性问题突出。快速城镇化带来经济增长的同时，也导致了工业部门能源消耗和温室气体排放的巨大增长。随着经济和社会发展水平的提高，人口不断膨胀的城市生活排放也不断增加。机动化发展导致城市拥堵增长，交通排放的不断增长，也是区域空气质量不断恶化的主要原因。

过去几十年来，全球温室气体排放量的增长速度有所放缓，但是排放的增长长期趋势仍然会持续下去。具有高密度的人口和一定规模的经济总量的城市作为财富和生产活动的中心，在应对气候变化中将发挥举足轻重的作用。城市在应对气候变化中的重要地位已经得到确认，已有大量证据表明城市的温室气体排放对全球气候的影响已超越了其地理边界。通过采取减少城市跨界排放的发展措施，城市可以在应对气候变化行动、实现国家减排目标中发挥更大的作用。城市之间以某种代替各国中央政府之间正式谈判的区域性减排行动近年来不断发展，在全球应对气候变化行动中发挥了越来越重要的作用。2015 在巴黎举行的《联合国气候变化框架公约》第 21 次缔约方大会上，400 多位城市领导人参加了气候峰会并签署了减少城市排放量的"市长契约"。2015 年在洛杉矶举行的第一届中美气候智慧型/低碳城市峰会，2016 年在北京举办第二届峰会，中美联合在低碳城市领域开展了城市达峰、最佳实践减排、碳交易、绿色金融等一系列气候行动合作交流。2017 年，美国落基山研究所在《联合国气候变化框架公约》第 23 次缔约方大会上发布了《零碳城市手册》（*The Carbon-Free City Handbook*），推动全球范围内的城市落实减排措施行动。

## 第二节　城市温室气体清单核算的目的与意义

寻找城市适应、减缓和应对气候变化的方法，以实现城市的可持续发展，首先要对城市温室气体排放情况进行核算。了解城市温室气体排放水平及动态变化对于制定减排政策应对气候变化至关重要。对城市温室气体排放进行清单核算的目的和意义主要体现在为区域减排目标分解提供依据、为低碳城市规划提供技术支撑等方面。

### 一、为区域减排目标分解提供依据

无论国际气候谈判进展如何，中国都将坚定不移地走绿色低碳发展之路。中国中央政府始终高度重视气候变化问题，坚定不移地走可持续发展道路。不同时期政府、研究机构和学者们从国情和实际出发，对不同发展阶段的中国低碳发展目标和路线图提出了承诺或展望。2011 年 3 月发布的《国民经济和社会发展第十二个五年（2011—2015 年）规划纲要》，对中国未来五年内节能减排和低碳发展的目标提出了约束性指标新要求，明确提出到 2015 年全国单位国内生产总值二氧化碳排放比 2010 年下降 17% 的目标。2011 年 12 月，国务院印发《"十二五"控制温室气体排放工作方案》，提出到 2015 年全国单位国内生产总值二氧化碳排放比 2010 年下降 17% 的目标，并为 31 个省、自治区、直辖市分配了省级目标，各省目标从 10% 至 19.5% 不等，总体分布特征为东部沿海经济发达地区较高，中、西部地区相对较低。2021 年 1 月 13 日，生态环境部印发《关于统筹和加强应对气候变化与生态环境保护相关工作的指导意见》，该文件提出，各地要结合实际提出积极明确的达峰目标，制订达峰实施方案和配套措施。

国家宏观层面明确的碳减排目标最终需要在不同的区域层次上具体落实。将碳排放目标层层分解和开展区域层次上的不同形式的低碳试点工作是中国政府为应对气候变化开展的两项重要行动。中国垂直行政管理体系的特点要求不同等级的政府在落实推进碳减排目标过程中发挥不同的作用。为确保实现"十二五"碳强度降低目标，中国把二氧化碳排放强度降低指标完成情况纳入各地区（行业）经济社会发展综合评价体系和干部政绩考核体系。《"十二五"控制温室气体排放工作方案》要求"地方各级人民政府对本行政区域内控制温室气体排放工作负总责，政府主要领导是第一责任人"，"将各项工作任务分解落实到基层"，体现了中国垂直行政管理指标层层分解、"纵向发包"层层签订目标责任书、实行严格目标责任制的行政管理方式。

2010年、2012年和2017年国家发展改革委先后组织开展了三批共87个国家低碳省区和低碳城市试点。对三批试点城市都要求编制低碳发展规划，对第二批和第三批试点城市明确提出编制城市温室气体清单的要求。《国家应对气候变化规划（2014—2020年）》提出为应对气候变化要加强温室气体排放核算工作、完善地方温室气体清单编制指南，规范清单编制方法和数据来源。为了实现行政下达的碳强度下降目标提供数据支撑和开展城市低碳发展试点工作，很多城市已经完成或正在开展城市温室气体清单编制的工作。编制城市温室气体清单，一方面展现城市政府控制温室气体排放以积极应对气候变化的态度和决心，另一方面可为温室气体减排目标分解、制定低碳规划的基础工作提供参考。

中国碳减排目标总量地区分解是一个政治决策过程，中央政府通过免费分配的方式将总量目标分解给各省份。进行区域碳减排目标分解，首先需要对城市温室气体排放进行核算。城市温室气体核算可以为碳排放目标提供数据基础，有利于减排政策措施的科学制定。合理的总量减排目标决定了最终目标实现的可行性，分配模型方法决定了最终分配结果的合理性和可靠性。中国垂直行政管理体制特点决定了大、中、小城市在落实碳减排目标过程中既要保持一致性又要根据实际情况、因地制宜，根据其自身特点、基本能力和资源禀赋才能探索出适合自身发展的低碳发展道路。

## 二、为低碳城市规划提供技术支撑

城市温室气体清单核算可以为低碳城市规划提供技术支撑、为排放影响分析提供数据基础。在应对气候变化问题和发展低碳经济推动发展的问题上，低碳城市成为世界各国降低资源能源消耗、转变旧有发展模式、谋求城市新兴竞争力着力点。城市低碳发展规划是城市减排的主要依据，是建设低碳城市的重要内容。城市温室气体清单核算工作在低碳城市规划和建设中是一项基础性工作。

低碳城市规划和建设包括提出愿景、设定目标、选择策略、政策实施和评估监督等多个关键步骤。按照温室气体清单结果，可以明晰、准确掌握城市温室气体排放源和吸收汇的关键类别，厘清主要领域排放状况，把握温室气体排放特征，制定切合实际的减排目标、任务措施、技术路线。具体包括通过了解城市整体温室气体排放水平和趋势，科学、系统地分析城市温室气体排放的时间分布和空间分布。全面掌握城市温室气体排放总量与构成情况，以及主要行业、重点企业和区域温室气体排放分布状况，通过分析研究，把握关键排放源，从而为编制城市低碳发展规划服务。促进运用城市温室气体排放作为重要约束条件，促进城市产业结构、能源结构和消费结构向低碳经济转型。

城市温室气体排放情况同城市经济社会、能源环境问题有紧密的联系，城市改善能源结构，提高能源效率，减少交通排放等多种减排措施需要多部门联合实施。城市低碳发展规划需要在与国家战略保持一致的情况下对不同部门进行协调。城市由于地理位置、气候条件和经济社会政治背景差异很大，要求城市减排采取差异化策略。城市温室气体核算可以为不同类型的城市低碳规划奠定基础，并对城市管理和城市投资提供相应指导。

## 第三节　研究思路和主要内容

本书共七章，首先阐述了为什么要进行城市温室气体清单核算，然后介绍了城市温室气体清单核算和不确定性分析包括哪些内容，接着用具体案例说明如何进行城市温室气体清单核算和不确定性分析，最后提出建立减少不确定性的温室气体统计核算框架以及怎样应用城市温室气体清单核算结果为低碳城市建设服务。主要具体内容及结构安排如下：

第一章，阐述了城市发展与城市温室气体排放的研究背景、总结了城市温室气体清单核算的目的和意义，明确了研究问题、研究思路及具体路线。

第二章，对温室气体核算及其不确定性分析的主要研究内容进行了回顾总结和评价。梳理了温室气体核算的发展历程，分析了基于生产和基于消费两种温室气体核算方法特点及其不确定性来源。

第三章，梳理了城市温室气体清单核算标准与核算边界的研究现状，对联合国政府间气候变化专门委员会（Intergovernmental Panel on Climate Change，IPCC）城市温室气体清单核算方法和城市温室气体核算国际标准（Global Protocal for Community-Scale GHG Emissions Inventories，GPC）两种方法的核算内容和核算特点进行了分析和比较。归纳了城市温室气体清单核算不确定性分析的来源和特点。

第四章，在 IPCC 方法基础上，考虑城市范围 2 电力调入调出跨界排放对案例城市 2010 年的城市温室气体清单进行核算。

第五章，采用误差传递方法和蒙特卡洛模拟方法对案例城市温室气体核算结果不确定性进行量化分析并比较。

第六章，对城市温室气体核算研究和实践进行总结，构建减少不确定性的中国多尺度温室气体统计核算框架体系。为多尺度利益相关者了解温室气体排放有关情况、制定相关战略规划减排对策奠定基础。

第七章，提出促进城市温室气体核算结果在低碳城市规划和建设中的应用，包括提出愿景、设定低碳发展目标、进行情景规划分析和政策实施等多个关键步骤的政策建议。

# 第二章

# 温室气体核算研究综述

温室气体核算是指在特定的尺度范围或给定的功能单元内（包括产品、家庭、公司、城市、国家和全球区域等）与经济活动相关的温室气体排放的核算。自 1992 年联合国政府间谈判委员会就气候变化问题达成《联合国气候变化框架公约》以来，温室气体核算方法的研究和实践工作已经有了很大进展。学者们和不同的研究机构开发了针对不同层次主体特点的温室气体核算工具和方法，为不同区域层次的碳减排研究实践提供了指导。碳排放核算方法体系主要包括核算直接排放的基于生产的温室气体核算方法和核算间接排放的基于消费的温室气体核算方法。两种主要的温室气体核算方法都存在不同的不确定性来源。

# 第一节　基于生产的温室气体核算方法

气候变化已经成为人类发展的一大挑战，能源和环境问题越来越受到世界范围内的重视。自从 1992 年地球峰会上开始，国际社会就温室气体排放责任分配和减排问题不断寻求达成协议。1997 年在日本京都通过的《京都议定书》标志着国际气候谈判取得了显著的进展，具有里程碑式的意义。在《京都议定书》的框架协议下，一个国家的温室气体排放责任为本国国界内由于生产产品而产生的直接排放，这种责任通常也被称为基于生产的温室气体核算体系（Production-based Accounting，PA）。基于生产的 IPCC 温室气体核算体系主要基于 IPCC 发布的一系列清单指南，包括 1997 年发布的《IPCC 国家温室气体清单编制指南（1996 年修订版）》（IPCC，1997）、2000 年公布的《国家温室气体清单优良作法指南和不确定性管理》（IPCC，2000）、2006 年发布的《2006 年 IPCC 国家温室气体清单指南》（IPCC，2006）和 2019 年发布的《IPCC 2006 年国家温室气体清单指南 2019 修订版》（IPCC，2019）。这些指南为各国提供了标准化的温室气体编制方法、不确定性分析方法的同时也提供了尽可能降低不确定性的优良做法指南。

《联合国气候变化框架公约》指定的《2006 年 IPCC 国家温室气体清单指南》（IPCC，2006）是目前应用最广泛的基于生产者责任的碳排放核算方法指南。按照《联合国气候变化框架公约》要求，所有缔约方国家需要提交基于清单指南的温室气体排放源和吸收汇的国家温室气体清单，并规定了非附件一缔约方清单报告内容。《2006 年 IPCC 国家温室气体清单指南》中温室气体类别包括二氧化碳（$CO_2$）、氧化亚氮（$N_2O$）、甲烷（$CH_4$）、氢氟碳化物（HFCs）、全氟碳化物（PFCs）和六氟化硫（$SF_6$）六种温室气体。部门类别包括能源、工业过程和产品使用、农业、林业和其他土地利用、废弃物和其他（如源于非农业排放源的氮沉积的间接排放，不包含国际交通部分）。其中，最常用的简单方法学是把"活动数据"与量化单位活动的排放量或清除量的系数"排放因子"结合起来。《2006 年 IPCC 国家温室气体清单指南》

第2卷（能源）介绍了估算化石燃料燃烧中的排放的三种方法。

学者们在研究论文中多数采用IPCC系列清单指南中的能源表观消费量的简化方法估算碳排放。历年《国家统计年鉴》《中国能源统计年鉴》，以及各地方统计年鉴中的能源消费量数据是研究中国温室气体统计核算相关问题的最重要的基础数据来源。

能源表观消费量计算能源消费碳排放的公式：

$$E_{CO_2} = \sum_i E_i \times V_i \times F_i \times O_i \times \frac{44}{12} \qquad (2.1)$$

其中，$E_{CO_2}$为能源消费产生的二氧化碳排放总量，$E_i$为第$i$中能源的表观消费量，$V_i$为第$i$种能源的低位热值，$F_i$为第$i$种能源的碳排放因子，$O_i$为第$i$种能源的氧化率。

具体的计算步骤：

（1）计算能源标准量数据：将各省能源平衡表中各种一次能源消费实物量转化为标准量，实物量转化为标准量的系数采用能源统计年鉴中各种能源实物量转化为标准量的系数。

（2）计算碳排放总量：将各种能源消费标准量转化为碳排放量，各种能源碳排放系数主要来源于IPCC系列清单指南和国家发展改革委能源研究所公布的数据，也有学者采用国际能源署的数据估计或者根据数据调研及专家经验判断。

化石能源种类有的学者采用煤炭、石油和天然气三类，多数学者根据历年《中国能源统计年鉴》的能源消费品种统计分为七大类或八大类，少数学者根据能源平衡表的所有能源分类包括原煤、洗精煤、其他洗煤、型煤、焦炭、焦炉煤气、其他煤气、其他焦化产品、原油、汽油、煤油、柴油、燃料油、液化石油气、炼厂干气、其他石油制品和天然气，共17个品种核算。由于中国能源统计体系和国际能源统计体系的差异，因此需要用能源平衡表对能源消费数据进行修正。修正的内容主要集中在终端能源消费量计算是否考虑发电与供热的能源损失，非燃料用途的能源消费、非化石电力消费量、是否考虑水泥工业生产过程中碳酸钙分解产生的碳排放等。通过以上方式获得温室气体排放数据可以对中国的贸易隐含碳、碳排放的动因、碳排放绩效、区域碳排放的区域格局及转移等相关问题进行深入分析，对中国绿色低碳转型发展提出不同建议。

　　基于 IPCC 系列清单指南的碳排放核算方法简单方便可行，但其最大的问题是基于生产者责任角度，不利于温室气体减排责任的划分和合理有效的温室气体减排框架构建。很多学者在研究中已经针对这一问题进行了不同程度的修正，但是基于 IPCC 系列清单指南的碳排放核算方法仍是国际国内广泛采用的基准方法。

# 第二节　基于消费的温室气体核算方法

　　由于忽略了国际贸易带给消费国的利益问题（Davis and Caldeira，2010），以行政地理边界为基础建立的基于生产的温室气体核算体系会带来碳泄漏问题（Pedersen and Haan，2006；Peters et al.，2011；Pan et al.，2008）。碳泄漏会削弱国际气候协议所取得的减排成绩，因为一个国家可以通过从相对宽松环境管制的国家进口碳密集型的商品或货物来实现他们自己的减排目标（Peters and Hertwich，2008）。基于生产的温室气体核算体系的弊端应用到世界上一些主要排放大国时尤其显著，很多排放大国如美国、加拿大、日本等都拒绝通过协议承诺约束性目标。为了克服基于生产的温室气体核算体系带来的弊端，考虑间接排放的基于消费的温室气体核算体系已经被广大学者和研究机构所广泛研究，并成为研究的热点问题。

## 一、主要内容

　　基于消费的温室气体核算体系是随着对基于生产的温室气体核算体系的不足的不断深入认识而产生的。基于消费的温室气体核算结果通常也被称为"碳足迹"，虽然它也包括除了二氧化碳以外的其他温室气体。"碳足迹"定义是指在特定的空间和时间边界内，一个功能单元（包括产品、居民家庭、项目和组织、城市、国家和全球区域等）根据特定核算方法核算出的所有与生产和消费相关的排放源、碳汇、碳储存的气候影响效应（Peters，2010）。

基于消费的温室气体核算对于不同的核算层次，包括产品、居民家庭、项目和组织、城市、国家和全球区域具有不同的含义。在区域水平层次上，有关温室气体排放核算的"消费核算原则"（Consumption Accounting Principle），是指根据最终使用的（包括进口的）各种产品或服务进行二氧化碳排放量的核算（Munksgaard and Pedersen，2001）。基于消费的温室气体核算体系由一个国家的消费活动产生的碳足迹确定（Peters et al.，2009；Steininger et al.，2014），需要考虑本国对商品和服务的最终需求产生的排放（Rodrigues and Domingos，2008），即除了本国生产消费导致的排放以外，还考虑了进口和出口的影响。所以事实上，基于消费的温室气体核算被认为是一个碳贸易平衡（Rodrigues et al.，2010；Serrano and Dietzenbacher，2010；Kanemoto et al.，2011）。

这些概念在不同的背景下提出，具有不同的含义。虽然这些概念的含义重点有一定的不同，但是这些概念都表明了基于消费的温室气体核算体系同基于生产的温室气体核算体系最根本的区别是考虑一个区域内消费的产品和服务产生的温室气体排放。基于生产的温室气体核算体系只考虑一个区域内生产的产品和服务提供的排放，而不考虑这些产品和服务的最终消费地。

## 二、研究方法

基于消费的温室气体核算的研究方法包括投入产出模型方法、基于生命周期的过程分析法以及二者的混合方法。投入产出模型方法通常适用于宏观系统的分析，基于生命周期过程分析法通常适合于微观系统的分析。

### （一）投入产出模型方法

区域间投入产出模型反映了各个区域、各个产业之间的经济联系，是进行区域之间差异比较、相互联系和影响研究的重要工具。投入产出模型方法在计算贸易隐含碳的研究核算中广为应用，是消费者责任核算领域的权威工具。投入产出模型方法主要分为单区域投入产出模型（single-regional input-output，SRIO）、双边贸易投入产出模型（bilateral trade input-output，BTIO）

和多区域投入产出模型（multiregional input-output，MRIO）三种类型。

### 1. 单区域投入产出模型

SRIO 模型可以计算单个国家或地区包括居民、政府和企业的最终消费活动引起的完全排放，同时考虑与除本国或本地区以外的世界其他部分的贸易隐含碳。通过把除本国外的世界其他部分合并为一个区域，它通常假设本国或本地区与世界其他地区的产品具有相同的技术经济结构。因此，SRIO 模型计算的进口碳排放转移不是进口引起的世界其他地区的排放，而是出口碳排放转移是本国家或地区出口引起的碳排放。

### 2. 双边贸易投入产出模型

BTIO 模型同样也可以计算一个或多个国家或地区最终消费活动引起的完全排放，但是同 SRIO 模型不同的是，不同的贸易国家即进口来源地具有不同的技术经济结构。BTIO 模型放宽了进口产品和产品具有相同技术经济结构的假设，因此 BTIO 模型计算的进口碳排放转移是进口引起的世界其他地区的排放，出口碳排放转移是本国家或地区出口引起的碳排放。采用 BTIO 模型可以更好地分析一个国家或地区与其关键贸易伙伴之间的碳排放关系。但是，BTIO 模型没有将一个国家或地区的进口产品区分为满足中间投入需求和满足最终消费需求，因此不包括进口产品加工再出口产品，即加工贸易的部分。

### 3. 多区域投入产出模型

MRIO 模型假设一个国家或地区的任一行业的产品对任一国家或地区（包括本国家或地区）各行业的供应比例相同，即对于一个行业的产品流出，包括对流向地区的中间需求和最终需求。MRIO 模型将进口区分为满足中间投入需求和满足最终消费需求，把投入产出分析扩展到一个多区域的水平层次上。

双边贸易视角以产品和服务直接输出地的碳排放系数为基础核算区域间贸易隐含碳，这种方法没有充分考虑区域间隐含碳排放的溢出反馈效应，实际上是没有考虑产品和服务在直接输入地可能的用途，也没有考虑产品和服务直接输出和输入地以外的其他地区的间接隐含碳排放及其影响。同双边贸易视角相比，多边贸易视角则比较充分考虑了不同区域间的溢出反馈效应、不同地区之间的间接隐含碳排放。采用多边贸易视角的区域间投入产出MRIO 模型核算区域碳排放目标更为合理。由于在理论上比较完善，MRIO 模型被认为是全球国家层次上贸易隐含碳问题最适宜的方法（Wiedmann，2009）。

投入产出表是刻画区域经济联系的有效工具，但是由于双边贸易数据获取难度较大，不确定性较高，因此利用 MRIO 模型研制多区域投入产出表是一项非常复杂的工作。为了克服以上缺点，很多国家地区的研究机构和组织都致力于改善全球贸易投入产出数据库，主要包括美国（Peters et al.，2011）、澳大利亚（Lenzen et al.，2012）、欧盟（Timmer et al.，2012）、亚洲（Pula and Peltonen，2011）等。近年来中国一些机构和学者也在 MRIO 模型的研制上取得了很大进展，具有代表性的包括国家统计局和国务院发展研究中心等编制的 1997 年中国区域间投入产出表（李善同等，2010）、中国国家信息中心研制的 2002 年、2007 年中国区域间投入产出表（国家统计局，2012），中国科学院和国家统计局研制的 2002 年中国省区间投入产出模型（石敏俊、张卓颖，2012）、中国科学院和国家统计局研制的中国 2007 年、2012 年 30 省区市区域间投入产出表（刘卫东等，2012）等。这些投入产出模型的开发和完善为基于消费的温室气体核算在不同层次上的应用研究提供了必要的基础。

（二）基于生命周期的过程分析法与混合法

由于投入产出模型方法以产业部门的平均排放水平作为核算基础，因此不适合用于分析微观系统。过程分析法以过程分析为基本出发点，通过确定系统边界、收集活动水平数据，选择合适的方法建立温室气体排放清单分析计算研究对象全生命周期的碳排放。基于生命周期的过程分析法虽然理论上涵盖了研究对象的所有直接排放和间接排放，但是实际应用中最后结果受到活动水平数据可获得性和方法选择影响非常显著。

混合法是投入产出模型方法和基于生命周期的过程分析方法二者的结合，将研究对象的微观系统和宏观系统的排放放在统一的框架下进行分析，目前研究和应用还不是很广泛。

## 三、核心问题

基于生产和基于消费的温室气体核算的比较研究已经成为热点问题，因为事实上最终消费给生产过程所在地也带来了一定的经济收益，涉及共同减排政策协议的达成，所以将所有责任归因于任何一方似乎都不公平也不能为参与谈判的各方所完全接受。综合考虑各个主体的经济利益和产业关联性，生产者、消费者及其他经济主体按照一定比例共同承担责任更为合理并已经成为共识。解决这个问题的办法就是共担责任原则，就是根据事先设定好的比例标准，在不同的经济主体之间分配环境责任（Rodrigues，Domingos and Marques，2010）。共担责任指标的内容方法逐渐完善，分配的指标方案包括：

（1）共担责任指标既包括基于生产核算的生产责任也包括基于消费核算的消费责任，但是没有给出可以应用于实践的具体方法（Ferng，2003）。

（2）一个国家的温室气体排放总量根据供应链上之前所有阶段增加的排放累积值。这种方法把重点放在生产供应链的最后一步上，因为这些步骤对整个供应链的排放最有影响（Bastianoni et al.，2004）。

（3）环境责任的承担者包括生产者、消费者和收入者，分配比例根据各方的增加值确定（Gallego and Lenzen，2005）。

（4）在消费责任和收入责任之间平均分配的指标公式（Rodrigues et al.，2006）。

（5）基于生产、消费和收入核算的温室气体排放（Marques et al.，2012）。

（6）根据给最终产品带来的增加值分配，其他部分的排放分配给消费者，增加值比例由本阶段的排放和上一阶段确定的分配比率决定，其他的排放顺延分配到下一步骤。在最后一步，消费者分配到所有其他剩余的排放。这种方法认为给产品带来最大附加值利益的企业组织对控制总排放的影响最大（Lenzen et al.，2007）。

还有一些学者应用了这些研究结论得出了一些共担责任经验性的分析结果（Andrew and Forgie，2008；Cadarso et al.，2012；史亚东，2012；张友国，2014；赵慧卿、郝枫，2013；Marques et al.，2012；Davis et al.，2011）。

# 第三节　温室气体核算不确定性

## 一、温室气体核算不确定性的含义

不确定性分析广泛存在于很多学科的研究和实践中。不确定性的实质是信息不足，对特定数据真实值或其真实值可变性的不完全知识的定性或统计概率性质的定量描述评价都可以用来表示不确定性（Haimes and Lambert，1999）。温室气体核算由于各种原因包括不确定性，这些不确定性产生的重要原因包括现有科学认知的不足造成定义和分类以及简化估计模型的错误、核算系统的复杂性造成时间及空间范围要求下的可用数据不足、数据测量的精度不够、样本点选取错误以及其他原因（Shvidenko et al.，2010）。受现有温室气体排放监测技术和温室气体排放核算统计体系的限制，研究对象的空间尺度和时间尺度越小，温室气体核算和不确定性分析的难度一般越大。

## 二、基于生产的温室气体核算不确定性

### （一）不确定性的核算标准

《京都议定书》框架协议下基于生产的温室气体核算是核算直接由人类活动引起的温室气体排放源和吸收汇，是自下而上的核算，依赖于地球表面的碳储量变化或通量的观测，以及由此推断的大气中碳通量的变化。核算范围包括能源活动、工业生产过程、农业活动、土地利用变化、林业和废弃物

处理六大部分。核算方法主要基于 IPCC 发布的一系列清单指南。《IPCC 国家温室气体清单编制指南（1996 年修订版）》、2000 年公布的《国家温室气体清单优良作法指南和不确定性管理》，以及随后 2006 年公布的《2006 年 IPCC 国家温室气体清单指南》为各国提供了标准化的温室气体编制、不确定性分析方法和格式，同时也提供了尽可能降低不确定性的优良作法指南（IPCC，1997，2000，2006）。

《2006 年 IPCC 国家温室气体清单指南》第 1 卷（总论）介绍了部分碳核算（partial carbon accounting，PCA）量化不确定性的方法，包括数据和信息来源、量化不确定的技术和合并不确定性的方法。按部门划分的能源、工业过程和产品使用、农业、林业和其他土地利用、废弃物清单方法学中也给出了四大类部门分别不同的不确定性分析指南。不同类别的活动水平数据、排放因子根据量化不确定的技术分析以后，就可以合并，以得到清单总排放的不确定性估算值。合并不确定的方法主要包括误差传递方法和蒙特卡洛模拟两种。误差传递方法操作简单，但蒙特卡洛模拟分析可以处理的不确定性的范围更广，该方法可以将不确定性与任何概率分布范围相结合（Winiwarter and Muik，2010）。早期的国家温室气体清单主要使用误差传递方法来计算合并不确定性。随着计算机技术的发展，蒙特卡洛模拟方法的操作逐渐简单可行，很多研究和实践开始同时使用两种方法进行计算（Winiwarter and Rypdal，2001；Monni et al.，2004；Ramirez et al.，2008）。合并不确定性的误差传递方法要求不同的排放源排放因子和活动水平统计数据在参数上独立且不相互依赖，适用范围小。蒙特卡洛模拟方法要求的样本数据条件在清单编制过程中不容易满足。采用不同的不确定性合并技术方法会得到不同的不确定评估结果，增加了不同结果之间的比较难度（Uvarova et al.，2014）。

（二）不确定性核算存在的问题

虽然《京都议定书》和 IPCC 系列指南提供了清单核算，以及不确定性分析的基本方法和参数、明确了温室气体核算评估中不确定性分析的重要性并尽可能地降低不确定性，但并没有将不确定性分析放在核心的位置。《京都议定书》包含监测清单不确定性的要求，但不加以管制，只有少数国家提交了全面的不确定性分析报告（IPCC，1997，2000）。随着国际合作日益加强的气候变化政策制定不断取得进展，IPCC 框架方法下的温室气体核算以及框架公约的遵守逐渐受到挑战。基于 IPCC 的碳核算方法目前仍然具有很大的不确定性，主要表现在以下几个方面：

1. IPCC 提供的部分默认参数本身具有很大的不确定性

使用大量缺省参数方便清单编制的同时也带来了相应的问题。理想情况下，排放量的估算和不确定性范围均可从特定排放源的测量数据中获得，但是实际不可能对每个排放源开展类似的工作。因此，更多的时候对排放数据的不确定性评价来源于经验性的评价（如专家判断），也可以选择来自公开发布的系列指南文件给出的不确定性参考值。清单分析中的不确定性分析一般没有考虑这些固定参数的不确定性问题，例如，全球增温潜势（Tian et al.，2015）、排放因子等。另外，这些缺省默认参数在全球范围内使用存在特定地区的适用性的问题。考虑到清单编制国家的具体情况，清单所获数据的来源有非常多的选择不确定性。例如，采用 IPCC 默认参数核算化石燃料和水泥生产的二氧化碳排放清单编制主要采用国家统计数据将被认为具有相对较低的不确定性（Andres et al.，2012），但实际上不同国家基础能源生产和消费统计差异显著，不确定性差异在国家层面上高达 50%（Guan et al.，2012）。中国能源统计指标体系同国际通行准则有一定差距，不同学者和机构采用相似的数据来源和方法得出相近或不同的温室气体核算结果不确定性水平难以比较。以中国国家清单为例，《中国气候变化第一次两年更新报告》显示 2012 年中国温室气体排放总量为 118.96 亿吨二氧化碳当量，其中能源活动（不考虑水泥生产等工业过程）相关排放为 86.88 亿吨，与多数国际组织公布的 2012 年相关数据具有一定差异，美国能源信息署（Energy Information Administration，EIA）报告数据为 92.22 亿吨，全球大气研究排放数据库（Emissions Database for Global Atmospheric Research，EDGAR）数据为 91.63 亿吨，中国碳排放核算数据库（China Emission Accounts and Datasets，CEADs）数据为 84.46 亿吨（Liu et al.，2015；Shan et al.，2016）。

2. IPCC 核算框架核算范围下部分排放源和吸收汇的核算方法存在很大的不确定性

陆地生态系统产生的碳排放源和吸收汇与能源活动和工业过程产生的碳排放的过程和机理有显著的差异。土地利用的变化和林业活动碳储量的变化需要在相对大的空间尺度上和经过长时间的观测才能够得到相对科学的结果，现有的温室气体核算方法得到的结果可比性差、不确定性高（WBGU，1998）。在很长的历史时期内，土地利用变化的累积排放量与化石燃料排放量相当甚至大于化石燃料排放量（Houghton et al.，2012）。

学者们逐渐认识到只包括部分核算范围"自下而上"的 IPCC 温室气体核算体系不确定性很大，不能有效衡量减排效果、支持减排决策。国际应用系统分析研究所（International Institute for Applied Systems Analysis，IIASA）联合其他研究机构先后于2004年9月在波兰华沙、2007年9月在奥地利拉克森堡、2010年在乌克兰、2015年在波兰克拉科夫举行了四次以温室气体核算不确定性为主题的研讨会。四次研讨会最重要的主题就是完善 IPCC 温室气体核算体系方法以减少不确定性。会议最后提出全碳核算（Full Carbon Accounting，FCA）方法，包括：《京都议定书》下的部分碳核算（Partial Carbon Accounting，PCA）所包含的人类活动引起的排放源和吸收汇的部门领域外；还包括大气系统以及陆地生态系统的所有碳排放或吸收汇相关部门。时间上包括对这些温室气体排放数据过去、现在、未来的综合分析和应用。既包括人类活动的直接影响也包括间接影响，也包括不受人类活动影响的物质和能量交换引起的温室气体排放或吸收。

全碳核算（FCA）是"自下而上"和"自上而下"两种温室气体核算模式的结合。"自上而下"的核算是指从大气中观测到的二氧化碳浓度和浓度变化角度出发，利用大气分析模型来推断来自陆地和海洋碳通量的变化。FCA 主要采用卫星遥感技术探测大气中二氧化碳及其变化率，可以在全球区域大尺度上较为稳定、连续地掌握碳排放的分布情况。核算范围对于清单不确定性水平有明显的影响。FCA 可以在全球层面的区域尺度上获得相对稳定、连续有效的温室气体排放数据，能够促进《联合国气候变化框架公约》确定的减排目标从根本上实现。IPCC 核算范围中化石燃料活动产生的温室气体排放的估计不确定性相对较低，并显著小于 FCA 核算范围中陆地生态系统的不确定性。FCA 的不确定性最终将主要取决于 PCA 核算范围以外产生的不确定性。有学者以西伯利亚北部地区的森林生态系统为例，采用 FCA 后与 PCA 相比，温室气体核算结果的不确定性明显降低了一半左右（Shvidenko et al.，2010）。古斯蒂和乔纳斯（Gusti and Jonas，2010）采用 FCA 方法核算了俄罗斯土地利用变化和林业活动排放，对比了两种方法的不确定性水平结果，进而提出修正 IPCC 核算方法的建议。

虽然气候模拟和各种"自上而下"的监测排放技术等方面已取得了明显进展，FCA 在科学上的解释更合理，但是 FCA 目前还没有像 PCA 那样建立出明确的阐述详细的理论和实践标准准则。FCA 仍然存在大量的不确定性，包括气候系统观测资料的缺乏导致对气候变化的累积排放监测分析有限、对不同尺度各种生态系统物质交换的时空过程和反馈机制复杂性还没有充分了解等，都难以对 FCA 进行可靠和全面的不确定性评估。因此，PCA 仍然是被主要广泛采用的方法。

## 三、基于消费的温室气体核算不确定性

基于消费的温室气体排放核算体系重新分配界定了基于领土排放中在本区域生产但是不在本区域消费的产品的排放责任。基于消费的温室气体排放核算体系的不确定性来源多种多样，包括投入产出数据和贸易数据统计的不确定性以及定义、合并的层次和模型的假定层次上的不确定性。基于消费的温室气体排放体系模型方法采用了不同的技术处理和假设前提，包括整合和拆分生产部门，考虑价格和通货紧缩影响，采用平衡技术处理数据差异，简化的 MRIO 模型、使用国内生产结构作为进口的替代等。需要说明的是，采用 BTTO 模型和采用 MRIO 模型也可以得出基于生产的温室气体核算结果。但是实际上采用这两种模型核算的基于生产的温室气体核算在将居民生活部门按照同 GDP 核算相一致的统计核算体系进行部门统一对齐，因此增加了核算的不确定性水平。

关于基于消费的温室气体排放核算体系的不确定性的研究方法包括：第一，排放核算责任划分时，产品供应链上步骤的划分变化（如增加或减少了新的产品加工步骤企业）对分配结果影响很大（Bastianoni et al.，2004）；第二，环境责任分配结果对原材料和产品的价格非常敏感，结果导致分配结果无效或需要校正（Lenzen et al.，2007）；第三，基于收入的核算方法仅对少数几个出口化石能源的发达国家如挪威具有适用性（Marques et al.，2012）。

在全球化时代，生产链通常很复杂而且分布在世界各地的企业数目众多。这使得获得研究分析所需的有效数据非常困难。生产和消费共担责任原则需要对产品供应链的上、中、下游具有很好的理解和判断，涵盖范围完整的同时要避免重复计算（Lenzen et al.，2007）。这些数据受到可获得性限制，分析结果的不确定性较高、稳健性差。目前关于不同供应链模型详细的不确定分析评估的文献相当缺乏，定义上和系统边界上的差异都会导致很大的差别出现。关于国际贸易隐含碳问题的定量分析研究结果梳理表明，多数文献的定量分析结果具有明显的不一致性，只有少数文献显示出了一致性（Sato，2014）。贸易产生的温室气体排放占全球排放的比例越来越重要，但是国家层次上的隐含碳排放核算不确定性仍然较大。关于国际贸易产生的隐含碳问题的研究很多都是学术研究，实践中目前还仅有少数国家和地区的统计部门组织开展了基于消费的温室气体核算，主要有欧洲、澳大利亚和加拿大。但是这些核算不对外公开，只有少数国家如澳大利亚和英国已经承诺每年改进并公布这些数据（Edens et al.，2011）。

# 第四节　小　　结

不同的温室气体核算方法根据特定的规定和目的构建，更好的方法可以给决策者提供更好、更重要的信息的同时成本也会非常高昂。温室气体核算体系是否有效和可执行影响到气候减缓措施的管理制定及其实施效果。本章分析比较了基于生产和基于消费的两种温室气体排放核算体系，本章小结如下：

（1）基于 IPCC 国家温室气体清单指南的碳排放核算方法简单方便可行，是目前最广泛的基于生产的碳排放核算方法。基于生产的温室气体排放核算体系是目前减排措施制定的主要基础，已经得到了广泛的核算和应用。IPCC 发布的一系列清单指南为基于 IPCC 方法国家直接排放核算提供了详细的核算理论和实践标准。明确的部门和温室气体种类划分边界有利于追溯确定排放源主体的排放责任。

（2）基于生产的温室气体排放体系最大的问题是以行政地理边界为基础会带来不同程度的碳泄漏问题。基于消费的温室气体核算体系不仅考虑一个区域内生产的产品和服务提供的排放，而且考虑这些产品和服务的最终消费地。研究方法包括投入产出模型方法、基于生命周期的过程分析法以及二者的混合方法。

（3）综合考虑不同排放主体的经济利益和产业关联性，生产者、消费者以及其他经济主体按照一定比例共同承担排放责任的共担责任原则更为合理，但是在不同的经济主体之间如何分配环境责任仍然缺乏统一的方案。

（4）基于生产的温室气体排放核算和基于消费的温室气体排放核算都仍然存在较大的不确定性。二者不同的核算范围、核算方法和核算数据都是不确定性的主要来源。要想有效实现碳减排目标，需要有效讨论和处理不确定性。不确定性分析作为必要和重要的工具，仍然有很大的改善空间。

| 第三章 |

# 城市温室气体清单核算方法

## 第一节　核算标准与核算边界

### 一、核算标准

城市温室气体核算可以采用自下而上地从地面测量获得清单编制统计数据和使用大气或遥感监测自上而下获得清单编制统计数据两种方式。自下而上核算有利于追溯确定排放源主体的排放责任，但清单结果及其在减排活动中的应用受不同城市能源及温室气体基础数据差异情况影响较大。使用遥感监测自上而下的方法可以获得更广泛范围的温室气体排放数据，但目前仍然缺乏详细阐述的理论和实践标准准则，难以进行可靠和全面的不确定性评估。虽然随着科学技术的不断发展，使用遥感监测获得空间清单的方法有了很大进展，但是自下而上的清单核算框架下有利于追溯确定排放源主体的排放责任，仍然是城市温室气体清单编制的主要方式。表 3-1 列举了目前国际上不同国家和地区存在的城市自下而上温室气体清单编制方法标准体系和报告体系标准，其中 IPCC 和国际地方政府环境行动理事会（International Council for Local Environmental Initiatives，ICLEI）的方法学应用最为广泛。

IPCC 方法学根据温室气体排放量核算数据通常使用的排放源数值可以简单概括为三类：

方法一：包括默认的排放因子（如 IPCC 参考值）、国家或国家人均能源消费量、国家或国家平均每个居民的固体废弃物产生量、国家甲烷回收量平均水平等。

方法二：包括采用特定国家或地区的排放因子、能源数据源于能源工程估算系统、采暖的人口变化及年平均温度参考历史数据、估算化石燃料消耗量参考可预计的燃烧效率、甲烷回收量按照设计的理论值估算等。

方法三：采用反映当地特点的排放因子。包括化石燃料类型、化石燃料燃烧技术、化石燃料燃烧设备控制技术、化石燃料燃烧设备维护保养水平、化石燃料燃烧设备使用年限、能源消耗计量、甲烷回收计量、中转站固体废弃物统计量。

以上方法中方法一最简便，方法二数据要求的难易程度和准确性处于中间水平。方法二中特定国家排放因子主要是考虑到每个国家的具体情况，数据存在差异，如所用的化石燃料、碳氧化因子和含碳率。方法二能够基本满足温室气体排放源估算结果对城市温室气体排放特点的描绘，其往往根据城市检验数据或模型获得所需数据，对城市低碳规划起到科学参考作用。方法三所需要的数据最多、能够比较准确、实际地反映城市温室气体排放状况，满足统计、监测和考核的需要，也切实满足城市低碳规划和低碳建设的需求。方法三最具体，准确性也最高，但实践中较少应用。

2014 年在《联合国气候变化框架公约》第 20 次缔约方大会期间，世界资源研究所（World Resources Institute，WRI）、C40 城市气候领袖群和国际地方环境理事会（ICLEI）共同发布了城市温室气体核算国际标准 GPC 方

表 3 - 1　城市温室气体核算和报告体系标准概览

| 标准名称 | 作者 | 目标群体或应用范围 | 排放源分类与IPCC主要分类的一致性 | 采用边界内和边界外的框架 | 边界内排放 | 边界外排放 | 温室气体 | 核算方法的详细指南文件 | 设定减排目标的指南 |
|---|---|---|---|---|---|---|---|---|---|
| 城市温室气体核算国际标准（Global Protocol for Community-Scale GHG Emissions Inventories, GPC） | C40等（2014） | 世界范围内的城市 | 是 | 是 | 是 | 是 | 7种 | 否 | 是 |
| 2006年IPCC国家温室气体清单编制指南（1996/2006 IPCC Guidelines for National Greenhouse Gas Inventories） | IPCC（2006） | 国家 | NA | 是[1] | 是 | 是 | 6种 | 是 | 否 |
| 国际地方政府温室气体排放分析议定书1.0版（International Local Government GHG Emissions Analysis Protocol, Version 1.0） | ICLEI（2009） | 地方政府和城市 | 是[2] | 是 | 是 | 是 | 6种 | 是 | 否 |
| 城市温室气体排放确定国际标准2.1版（International Standard for Determining Greenhouse Gas Emissions for Cities, Version 2.1） | UNEP UN-HABITAT World Bank（2010） | 城市 | 是 | 是 | 是 | 是[3] | 6种 | 否 | 否 |
| 基准排放清单/监测排放清单方法学（Baseline Emissions Inventory/Monitoring Emissions Inventory Methodology） | The Covenant of Mayors Initiative（2010）[4] | 欧盟的城市 | 是/否[5] | 是 | 是 | 否 | 二氧化碳等 | 否 | 否 |

续表

| 标准名称 | 作者 | 目标群体或应用范围 | 排放源分类与IPCC主要分类的一致性 | 采用边界内和边界外的框架 | 边界内排放 | 边界外排放 | 温室气体 | 核算方法的详细指南文件 | 设定减排目标的指南 |
|---|---|---|---|---|---|---|---|---|---|
| 美国社区温室气体排放核算与报告协议定书1.0版（U. S. Community Protocol for Accounting and Reporting of Greenhouse Gas Emissions, Version 1.0） | ICLEI USA (2012) | 美国的城市 | 否[6] | 否 | 是 | 是 | 6种 | 是 | 否 |
| 基于城市的温室气体评价规范（PAS 2070: 2013） | BSI (2013) | 城市 | 是 | 是 | 是 | 是 | 6种 | 是 | 否 |
| 法国碳排放计量工具 | Bilan Carbone (2017) | 法国范围内企业、组织 | 否 | | | | 6种 | 是 | 是 |
| 地方政府应对全球变暖规划手册（Manual of Planning Against Global Warming for Local Governments） | Ministry of the Environment Government of Japan (2009) | 日本国家内的当地政府 | 是 | 是 | 是 | 是 | 6种 | 是 | 是 |

注：表格内空白处表示无该细分种类数据。

[1] IPCC 排放源分类包括所有边界内排放和边界外的国际航空和航海范围。

[2] 子分类和 IPCC 的分类不一致。

[3] 上游嵌入碳排放。

[4] 欧盟委员会联合研究中心。

[5] 没有包括工业能源、航空交通、水运排放源，包括废弃物，但是不包括农业、森林和工业过程。

[6] 基本的排放产生活动，不包括碳沉积。

资料来源：笔者根据文献整理。

法，介绍了涵盖城市社区、城镇和街区等不同层次城市 3 个范围的温室气体排放核算方法（C40 et al.，2014）。

随着中国应对气候变化、低碳发展的工作逐渐展开，城市层面的温室清单编制研究实践工作逐步展开，很多学者和机构也对城市温室气体清单编制展开了一系列研究。顾朝林（2013）、顾朝林和袁晓辉（2011）、叶祖达（2011）、蔡博峰（2011，2012，2013，2014）、蔡博峰和张力小（2014）、陈操操等（2010）、白卫国等（2013）、庄贵阳等（2014）对不同阶段国际和中国的城市温室清单编制研究进行了详细的综述，从不同角度如城市规划、中国城市清单与国际城市清单的差异，城市清单和国家及省级清单的差异角度对中国城市温室气体清单编制方法进行了研究并提出了一定编制建议。

国内很多城市根据 IPCC（1997，2006）方法学、ICLEI（2009，2012）方法学或根据 IPCC 方法学编制的《省级温室气体清单编制指南（试行）》进行编制（省级温室气体清单编制指南编写组，2011）。2014 年中国社会科学院城市发展与环境研究所依托承担的"十二五"国家科技支撑计划"城镇碳排放清单编制方法与决策支持系统研究、开发与示范课题"开发了《中国城镇温室气体清单指南》（中国社会科学院城市发展与环境研究所，2014）。该清单指南区别于国家、省级温室气体排放清单，是在 IPCC 和 ICLEI 核算温室气体清单方法的基础上发展而来，它的突出特点是与国际接轨、与省级温室气体清单保持对接，充分考虑了中国城镇的实际情况，研究范围涵盖城市、区县和建制镇，是城镇全局层面的温室气体核算方法。2015 年 4 月世界资源研究所（WRI）、中国社会科学院城市发展与环境研究所、世界自然基金会（WWF）和可持续发展社区协会（ISC），共同研究开发了针对中国城市的《城市温室气体核算工具指南（测试版 2.0）》（WRI et al.，2013），相比工具 1.0，工具 2.0 内容的更新主要包括四个方面：一是活动水平数据输入方法更新；二是内嵌数据更新；三是现有报告格式完善；四是新增报告格式。

## 二、核算边界

基于 IPCC 方法核算整个城市的温室气体排放是指城市地理边界内的排

放，包括城市范围内的居民、商业、工业等部门，即基于生产（领土）的核算方法。学者们很早就意识到全球和国家尺度上的 IPCC 温室气体清单方法在城市尺度上的不适用。用在编制国家温室气体清单的基于生产的核算体系仅仅考虑地理边界内的排放，不适用于空间尺寸相对较小的城市，因为城市很多的基础设施（交通、电力等），范围都超出城市地理边界。只核算城市边界内的排放容易导致简单地将排放源移出城市边界的错误决定。城市由于自身规模和连接性的优点决定了它们在城市边界外的高排放。度量边界外的排放可以在评估城市供应链应对气候变化时采取更全面的方法，明确温室气体排放的上游和下游的共担责任部分。

同国家相比，城市以外运入的主要物质跨边界活动及相关间接排放多。城市的跨边界排放主要体现在以下几个方面：第一，城市空间尺度相对较小，重要的人类活动如跨界交通，被人为地在城市地理边界处被截断。第二，城市重要的基础设施如发电厂、炼油厂和其他管道都是跨界为城市提供服务的。第三，除了基础设施以外，城市产品和服务的跨界交换频繁显著。城市与外界交换活动多决定了城市尺度上的碳排放研究的难度。基于以上城市跨界活动的存在，城市活动除了会引起城市内部排放以外，同时也会引起城市外部排放的情况已经逐渐成为共识。

城市边界内和跨边界的复杂性使城市尺度的温室气体排放核算体系形式多种多样。由于城市空间尺度相对较小，跨界活动频繁显著，因此对于如何核算其间接排放并无统一的方法。关于如何划分和界定间接排放有很多种分类，以 WRI 的分类界定最被广泛认同。WRI 将城市层次上的温室气体排放分为范围 1（Scope1）、范围 2（Scope2）和范围 3（Scope3）排放。范围 1 是排放源位于城市行政辖区内的排放；范围 2 是城市内部使用购买电力、热力、蒸汽或制冷能源而导致的间接排放；范围 3 是由城市内部其他活动导致的间接排放。其中范围 3 的核算最为复杂缺乏统一的标准。很多学者采用与 WRI 相似的分类分析比较了城市不同范围层次上温室气体排放（Hillman and Ramaswami，2010；Ramaswami et al.，2011；Liu et al.，2012；Lin et al.，2013；Chavez and Ramaswami，2011）。考虑间接排放的城市温室气体核算体系主要包括基于 IPCC 方法学考虑范围 2 排放和 ICLEI 开发的《城市温室气体核算国际标准（GPC）》。使用投入产出模型核算基于消费的温室气体排放理论上涵盖了城市内所有部门的消费排放，但是实际上城市尺度上投入产出数据的可获得性限制了这种方法的应用。

# 第二节　IPCC 城市温室气体清单核算

IPCC 方法城市清单核算的范围包括：能源活动、工业生产过程、农业活动、土地利用变化、林业和废弃物处理六大部分。二氧化碳（$CO_2$）是直接受人类活动影响的最重要的温室气体。

## 一、能源活动

### （一）主要核算范围

1. 范围 1 排放

范围 1 的能源活动排放包括化石燃料燃烧活动产生的排放、生物质燃料燃烧活动产生的排放、煤矿开采和矿后活动产生的逃逸排放，以及石油和天然气系统产生的逃逸排放。

2. 范围 2 排放

由电力调入调出所带来的二氧化碳间接排放量。从数据可得性和方法可操作角度出发，温室气体清单对范围 2 进行核算，范围 2 核算电力调入调出间接排放。

### （二）主要核算方法

主要能源活动化石燃料燃烧的排放量计算公式为：

$$E_{eCO_2} = \sum_i \sum_j \sum_k AD_{ijk} \times EF_{ijk} \qquad (3.1)$$

其中，*AD* 表示燃料消耗量，*EF* 为排放因子，*i* 为燃料类型，*j* 为部门活动，*k* 为技术类型。

## 二、工业生产过程

### （一）主要核算范围

工业生产过程温室气体排放清单报告的是工业生产中能源活动温室气体排放之外的其他化学反应过程或物理变化过程的温室气体排放。例如，石灰行业石灰石分解产生的排放属于工业生产过程排放，而石灰窑燃料燃烧产生的排放不属于工业生产过程排放。工业生产过程温室气体排放清单涵盖二氧化碳（$CO_2$）、甲烷（$CH_4$）、氧化亚氮（$N_2O$）、氢氟碳化物（HFCs）、全氟化碳（PFCs）和六氟化硫（$SF_6$）六种温室气体，涉及了采掘工业、化学工业、金属工业、源于燃料和溶剂使用的非能源产品、电子工业、产品用作臭氧损耗物质替代物和其他产品制造和使用等门类。

### （二）主要核算方法

（1）水泥生料经高温煅烧发生一系列物理化学变化，最后形成熟料，其间排放二氧化碳。水泥生产二氧化碳排放量等于水泥熟料产量与水泥熟料排放因子的乘积。

（2）石灰生产过程中加热石灰石分解碳酸盐，生成氧化钙并释放大量二氧化碳，其反应式如下：

$$E_{lCO_2} = AD_{lime} \times EF_{lime} \tag{3.2}$$

其中，$E_{lCO_2}$是石灰生产过程二氧化碳排放量，$AD_{lime}$是石灰产量，$EF_{lime}$是石灰平均排放因子。

（3）钢铁生产过程二氧化碳排放主要源于烧结、炼焦、生铁冶炼和炼钢生产过程中化学反应产生的，以及燃料在炉窑中燃烧产生的。主要包括：石灰石和白云石等熔剂中的碳酸钙和碳酸镁在高温下发生分解反应，排放的二氧化碳；在高温下用氧化剂把生铁里过多的碳和其他杂质氧化成二氧化碳排放或炉渣除去的。钢铁生产二氧化碳排放量：

$$E_{iCO_2} = AD_l \times EF_l + AD_d \times EF_d + (AD_r \times F_r - AD_s \times F_s) \times \frac{44}{12} \qquad (3.3)$$

其中，$E_{iCO_2}$ 是钢铁生产过程二氧化碳排放量；$AD_l$ 是所在城市辖区内钢铁企业生产用作溶剂的石灰石数量；$EF_l$ 是作为溶剂的石灰石消耗排放因子；$AD_d$ 是所在城市辖区内钢铁企业生产用作溶剂的白云石数量；$EF_d$ 是作为溶剂的白云石消耗排放因子；$AD_r$ 是所在城市辖区内炼钢用生铁数量；$F_r$ 是炼钢用生铁的平均含碳率；$AD_s$ 是所在城市辖区内炼钢的钢材产量；$F_s$ 是炼钢的钢材产品平均含碳率。另外，钢铁生产中焦炭消耗的二氧化碳排放在能源活动温室气体清单部分报告。

（4）硝酸生产过程。氧化亚氮是氨催化氧化过程产生的副产品。氧化亚氮的生成量取决于反应压力、温度、设备年代和设备类型等，其中反应压力对氧化亚氮生产影响最大。不同压力对应的不同的生产技术类型分别有不同的排放因子。

$$E_{nN_2O} = \sum_i AD_i \times EF_i \qquad (3.4)$$

其中，$E_{nN_2O}$ 是硝酸生产过程氧化亚氮排放量，$AD_i$ 是硝酸产量，$EF_i$ 氧化亚氮排放因子，$i$ 表示不同的生产技术类型。

（5）半导体生产过程。半导体生产过程采用多种含氟气体，含氟气体主要用于半导体制造业的晶圆制造过程中，具体用在等离子刻蚀和化学蒸汽沉积反应腔体的电浆清洁和电浆蚀刻。半导体制造的温室气体清单排放报告蚀刻与清洗环节的四氟化碳（$CF_4$）、三氟甲烷（$CHF_3$）和六氟化硫（$SF_6$）的排放量。半导体生产过程排放量等于半导体生产过程含氟气体使用量与对应平均排放系数的乘积。

# 三、农业

## （一）主要核算范围

农业主要核算范围包括稻田甲烷排放、农用地氧化亚氮排放、动物肠道发酵和动物粪便管理排放。

（二）主要核算方法

（1）稻田甲烷排放。水稻种植过程中，稻田中的有机质处于厌氧环境中，通过微生物代谢的作用、有机物厌氧分解产生甲烷。

$$E_{rCH_4} = \sum_i AD_i \times EF_i \tag{3.5}$$

其中，$E_{rCH_4}$ 是稻田甲烷排放总量，$AD_i$ 是分类型水稻播种面积，$EF_i$ 为分类型甲烷排放因子，$i$ 表示不同的稻田类型，包括单季稻，双季早稻，双季晚稻。

（2）农用地氧化亚氮排放。农用地是重要的氧化亚氮排放源，约占生物圈释放氧化亚氮的90%。其中化学氮肥的使用占据了最重要的部分。农田土壤的氧化亚氮排放包括直接排放和间接排放两部分。

①直接排放。农田土壤的氧化亚氮直接排放是指施用化肥、粪肥和秸秆还田产生的排放。

$$E_{fdN_2O} = (N_{fer} + N_{man} + N_{str}) \times EF_d \tag{3.6}$$

其中，$E_{fdN_2O}$ 是农用地氧化亚氮直接排放量，$N_{fer}$ 是化肥氮输入，$N_{man}$ 是粪肥氮输入，$N_{str}$ 是秸秆还田氮输入。

②间接排放。农田土壤的氧化亚氮间接排放包括大气氮沉降和淋溶径流引起的排放。

$$E_{id} = (N_{pou} \times 20\% + N_{input} \times 10\%) \times 0.01 \tag{3.7}$$

其中，$E_{id}$ 是大气氮沉降排放量，$N_{pou}$ 是禽畜粪肥氮输入量，$N_{input}$ 是农田总的氮输入。

$$E_l = N_{input} \times 20\% \times 0.0075 \tag{3.8}$$

其中，$E_l$ 是淋溶径流引起的排放。

（3）动物肠道发酵和动物粪便管理。动物肠道发酵甲烷排放是指动物在正常的代谢过程中，寄生在动物消化道内的微生物发酵消化道内饲料时产生的甲烷排放，肠道发酵甲烷排放只包括从动物口、鼻和直肠排出体外的甲烷，不包括粪便的甲烷排放。动物粪便管理温室气体排放是指在畜禽粪便施入土壤之前动物粪便贮存和处理过程中所产生的甲烷和氧化亚氮排放。动物肠道发酵甲烷排放量等于不同动物年末存栏量与对应动物肠道发酵甲烷排放因子乘积。动物粪便管理甲烷排放量等于不同动物年末存栏量与对应动物粪便管理甲烷排放因子乘积。动物粪便管理氧化亚氮排放量等于不同动物年末存栏量与对应动物粪便管理氧化亚氮排放因子乘积。

## 四、土地利用变化和林业

### (一) 主要核算范围

土地利用类型常分为林业用地、农用地、牧草地、建设用地、水域和未利用土地等几种类型。其中，林地包括有林地、疏林地、灌木林地、未成林地、苗圃地、无立木林地、宜林地和林业辅助用地。土地利用变化和林业温室气体排放清单包括温室气体的排放，如森林采伐或毁林排放的二氧化碳，也包括温室气体的吸收，如森林生长时吸收的二氧化碳。如果森林采伐或毁林的生物量损失超过森林生长的生物量增加，则表现为碳排放源，反之则表现为碳吸收汇。

### (二) 主要核算方法

生物储量变化包括生长和消耗的两部分，前者为碳排放汇，排放量计算结果为负值，后者为碳排放源，排放量计算结果为正值。按照树种生长状况相似、相关参数相近按照同一种方法计算的原则，活立木（乔木林，疏林、散生木、四旁树）的碳储量变化按照同一种方法计算，竹林、经济林和灌木林按照同一种方法计算。

(1) 活立木（乔木林，疏林、散生木、四旁树）生长碳汇（$CO_2$）。

$$活立木生长碳汇量 = 活立木蓄积量 \times 活立木蓄积量生长率 \times 平均木材密度$$
$$\times 生物量转换系数 \times 生物量含碳率 \tag{3.9}$$

(2) 竹林、经济林、灌木林生长碳汇（$CO_2$）。

$$竹、经、灌生长碳汇量 = 林地面积变化 \times 单位面积生物量$$
$$\times 生物量含碳率 \tag{3.10}$$

（3）活立木（乔木林，疏林、散生木、四旁树）消耗碳排放（$CO_2$），可分为采伐和枯损。计算公式为：

$$活立木消耗碳排放量 = 活立木蓄积量 \times 活立木蓄积量消耗率 \times 平均木材密度$$
$$\times 生物量转换系数 \times 生物量含碳率 \qquad (3.11)$$

## 五、废弃物处理

### （一）主要核算范围

城市废弃物是城市发展与居民生活不可避免的产物，为了维持城市环境和正常生活，必须对固体废弃物处理和污水/废水进行处理、处置，在这过程中也产生了甲烷（$CH_4$）、二氧化碳（$CO_2$）、氧化亚氮（$N_2O$）等温室气体。

### （二）主要核算方法

#### 1. 固体废弃物处理

（1）垃圾填埋。

中国城市垃圾处理方式以填埋为主，垃圾中的有机物在填埋场分解会释放甲烷（$CH_4$）。采用质量平衡法的计算公式：

$$CH_4 排放量 = (垃圾填埋量 \times CH_4 产生潜力 - CH_4 回收量)$$
$$\times (1 - 氧化因子) \qquad (3.12)$$

其中，

$$CH_4 产生潜力 = CH_4 修正因子 \times 可降解有机碳含量 \times 可分解有机碳比例$$
$$\times 垃圾填埋气中 CH_4 所占比例 \times \frac{16}{12}$$

（2）垃圾焚烧。

垃圾焚烧过程中主要产生二氧化碳（$CO_2$）排放，可分为城市固体废弃物（municipal solid waste，MSW）、危险废弃物和污水处理中的污泥三类。废弃物中的矿物碳在焚烧期间氧化过程产生的非生物成因二氧化碳排放被视为净排放计入清单总量。废弃物中生物成因产生的二氧化碳排放不纳入清单排放总量中。计算公式：

$$垃圾焚烧中 CO_2 排放量 = \sum \Big( 垃圾焚烧量 \times 垃圾含碳量比例$$

$$\times 矿物碳占碳总量的比例 \times 完全燃烧效率$$

$$\times \frac{44}{12} \Big) \tag{3.13}$$

2. 污水/废水处理

废水及其淤渣成分经过无氧处理或处置，产生甲烷（$CH_4$）排放。计算公式：

$$生活污水 CH_4 排放量 = 生活污水有机质含量$$

$$\times CH_4 排放因子 - CH_4 回收量 \tag{3.14}$$

$$生活污水 CH_4 排放因子 = CH_4 最大产生能力 \times 修正因子 \tag{3.15}$$

工业废水计算公式：

$$工业废水 CH_4 排放量 = （工业废水中可降解有机物总量$$

$$- 以工业污泥形式清除的有机物总量）$$

$$\times CH_4 排放因子 - CH_4 回收量 \tag{3.16}$$

其中，

$$工业废水可降解有机物总量 = 直接排入环境的工业废水量$$

$$\times 化学需氧量排放标准$$

$$+ 工厂处理工业废水去除的化学需氧量总量$$

$$工业废水 CH_4 排放因子 = CH_4 最大生产能力 \times 修正因子$$

污水和废水氧化亚氮（$N_2O$）排放。在生活污水和工业废水中的氮还会引起氧化亚氮排放。计算公式：

$$生活污水和工业废水 N_2O 排放量 = 污水中的氮含量$$

$$\times N_2O 排放因子 \times \frac{44}{28} \tag{3.17}$$

其中，

$$污水中的氮含量 = 人口数量 \times 年人均蛋白质消耗量 \times 蛋白质含氮量$$

×污水中非消耗蛋白质的比例系数

×工业和商业来源的蛋白质比例系数

−随污泥清除的氮

# 第三节　GPC 城市温室气体清单核算

本小节主要对城市温室气体核算国际标准（GPC）方法的主要核算范围及其中关于城市跨界的交通排放和废弃物排放核算的重点内容进行介绍。

## 一、核算范围

国际地方环境行动理事会（ICLEI）已经开展多个气候变化与城市可持续发展的国际项目，鼓励地方政府实现温室气体减排目标，并为地方政府低碳减排提供各种基准指导。ICLEI 先后推出过多个层级的温室气体清单基准，帮助地方政府、企业量化和管理温室气体排放。2014 年 WRI、C40 城市气候领袖群和 ICLEI 共同发布的 GPC 方法根据 IPCC 和 ICLEI 之前发布的系列基准开发。该标准介绍了涵盖社区、城镇和街区等不同层次城市 3 个范围的温室气体排放核算方法（见表 3 - 2）。GPC 方法不仅适用于城市，而且适用于比城市地理范围更小的地区。这些地区包括城镇，地区、县、州、省和州内的行政区或区域。GPC 方法致力于指导城市范围 3 的排放，使地理范围较小地区的温室气体核算成为可能。为了使不同城市的清单具有可比性，GPC 方法设定了严格的排放源分类，只核算范围 3 里面有限的排放源，包括电网供应能源的转化和分布损失、城市边界外的垃圾处理、跨界交通等，见图 3 - 1。

表 3-2                                        GPC 方法中城市清单的范围定义

| 范围 | 定义 |
|------|------|
| 范围 1 | 城市边界内产生的温室气体排放 |
| 范围 2 | 城市边界内使用外调电力、热力、蒸汽/制冷产生的温室气体排放 |
| 范围 3 | 其他城市边界内活动引起的边界外排放 |

资料来源：C40，ICLEI，WRI. Global Protocol for Community - Scale Greenhouse Gas Emission Inventories (GPC) —An Accounting and Reporting Standard for Cities [R]. C40 Cities Climate Leadership Group：London，UK；International Council for Local Environmental Initiatives Local Governments for Sustainability：Bonn，Germany；World Resources Institute：Washington，DC，USA，2014。

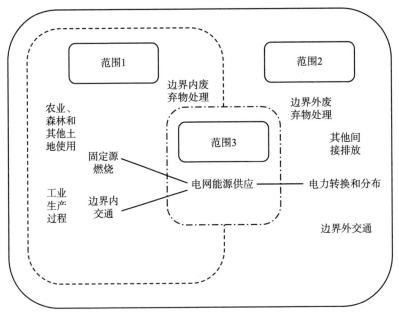

图 3-1  GPC 城市清单的范围

资料来源：C40，ICLEI，WRI. Global Protocol for Community - Scale Greenhouse Gas Emission Inventories (GPC) —An Accounting and Reporting Standard for Cities [R]. C40 Cities Climate Leadership Group：London，UK；International Council for Local Environmental Initiatives Local Governments for Sustainability：Bonn，Germany；World Resources Institute：Washington，DC，USA，2014。

## 二、排放源部门

GPC 核算的排放源包括固定能源活动、交通、废弃物、工业生产过程和产品使用、农业、林业和其他土地利用。表 3 - 3 详细说明了 GPC 中基本层次（BASIC）、扩展层次（BASIC +）城市清单需要报告的排放源范围内的部门和子部门。

表 3 - 3　　　　　　　　　GPC 包含的排放源和范围

| 部门和子部门 | | 范围 1 | 范围 2 | 范围 3 |
|---|---|---|---|---|
| 固定源 | 居民建筑 | √ | √ | * |
| | 商业、机构建筑和设施 | √ | √ | * |
| | 制造业工业和建设 | √ | √ | * |
| | 能源工业 | √ | √ | * |
| | 为电网提供的电力生产 | + | | |
| | 农业、森林和渔业活动 | √ | √ | * |
| | 非特定源 | √ | √ | * |
| | 煤炭开采、处理、储藏和运输过程中的逃逸排放 | √ | | |
| | 石油和天然气系统逃逸排放 | √ | | |
| 交通 | 公路 | √ | √ | * |
| | 铁路 | √ | √ | * |
| | 水运 | √ | √ | * |
| | 航空 | √ | √ | * |
| | 非公路 | √ | √ | |
| 废弃物 | 城市内固体废弃物处理 | √ | | √ |
| | 城市外固体废弃物处理 | + | | |
| | 城市内废弃物生物处理 | √ | | √ |
| | 城市外废弃物生物处理 | + | | |
| | 城市内焚化或露天燃烧 | √ | | √ |
| | 城市外焚化或露天燃烧 | + | | |
| | 城市内废水处理和排放 | √ | | √ |
| | 城市外废水处理和排放 | + | | |
| 工业过程和产品使用 | 工业过程 | * | | |
| | 产品使用 | * | | |

续表

| 部门和子部门 | | 范围 1 | 范围 2 | 范围 3 |
|---|---|---|---|---|
| 农业、森林和其他土地使用 | 畜牧业 | * | | |
| | 土地 | * | | |
| | 土地上集中源和非二氧化碳排放源 | * | | |
| 其他范围 3 | 其他范围 3 | | | |

注：√、+和＊指 GPC 包含的排放源，√指基本层次（BASIC）城市清单需要报告的排放源，√和＊指扩展层次（BASIC＋）城市清单需要报告的排放源，+指领土边界原则需要报告而基本层次（BASIC）和指扩展层次（BASIC＋）城市清单都不需要报告的内容。斜线区域指其他范围 3 包含的排放源，灰色区域指不适合报告的排放源。

资料来源：C40, ICLEI, WRI. Global Protocol for Community-Scale Greenhouse Gas Emission Inventories（GPC）—An Accounting and Reporting Standard for Cities [R]. C40 Cities Climate Leadership Group：London, UK；International Council for Local Environmental Initiatives Local Governments for Sustainability：Bonn, Germany；World Resources Institute：Washington, DC, USA, 2014。

## （一）固定能源活动

固定能源活动排放来自住宅、商业和公共建筑设施、制造业和建筑业的燃料燃烧活动、电力、热力等二次能源的生产、化石燃料的开采、加工转换和运输过程中产生的排放。

## （二）交通

交通活动排放包括道路交通、轨道交通、水运交通和航空交通的燃料燃烧排放和用电间接产生的排放。这些交通活动同时包括城际和国际交通产生的温室气体排放。准确收集交通活动水平数据、计算排放并对城市间进行排放量责任分配是一件非常困难的工作。为了适应不同程度的数据可获得性以及不同的清单编制使用目的，城市温室气体核算国际标准（GPC）在计算交通排放的方法上提供了多种选择。

## （三）废弃物

废弃物处理通过有氧分解、厌氧分解或者焚烧产生温室气体排放。固体废弃物相关的处理方法包括填埋、生物处理、焚烧和露天焚烧。在废弃物处理过程中的回收甲烷作为能源使用的部分排放属于能源活动排放报告内容。垃圾焚烧发电也属于能源活动排放报告内容。

（四）工业生产过程和产品使用

工业生产过程和产品使用指工业生产和产品使用活动中与能源燃料燃烧无关的温室气体排放。主要的排放来自工业原材料的化学或者物理转化过程，比如钢铁行业生产过程中作为化工原料使用的化学产品产生的排放。工业生产过程涉及的温室气体种类很多。

（五）农业、林业和其他土地利用

农业、林业和其他土地利用可以通过各种途径产生排放，包括动物（肠道发酵和粪便管理）、土地利用和土地利用变化（如林地变更为农田或者居住地）、土地上的非二氧化碳排放源（如施肥和水稻种植）。考虑到土地利用的多种类型和农业活动的多样性，由农业、林业和其他土地利用所产生的温室气体排放是最为复杂的核算类别之一。

## 三、主要跨界排放核算方法

（一）交通排放核算方法

城市跨边界交通活动数量大且频繁，直接排放和间接排放的界定难度较大。GPC方法将城市交通排放划分为：范围1，城市内部交通燃料燃烧的排放；范围2，城市边界内交通使用电力产生的排放；范围3，城市外部跨边界的交通排放和电力使用。路面交通包括客运和货运。交通工具包括公共汽车、私人汽车、货车、摩托车等，大部分交通工具使用汽油、柴油等燃料油作为动力，还有一些交通工具是使用充电式电力或混合动力。这些燃料油燃烧通过尾气形式排放二氧化碳（$CO_2$）、甲烷（$CH_4$）和氧化亚氮（$N_2O$）。通过燃料使用量计算路面交通排放的方法学包括范围1排放和范围3排放中的跨界里程排放。范围2的排放是根据城市边界的充电站的消费数据核算，而不考虑行程的目的地。在家里或在工作地点充电的能耗数据有可能已经在能源部门的静止排放源数据核算时已经涵盖，需要将交通充电用的电力单独核算避免重复计算。

GPC 提供了多种计算交通排放的方法，主要简化分为四类，即燃料油销售数据方法、引导性交通活动方法、地理边界方法和居民活动方法。

### 1. 燃料油销售数据方法

这种方法是基于一个城市边界内燃料油销售数据计算路面交通排放。理论上这种方法把燃料油销售数据近似看成交通活动水平数据。数据来源包括当地燃料油销售商加油站的燃料油消费税数据、车辆燃料使用统计数据。这些数据应该与交通工具拥有量或其他合适的比例因子进行核对调整，计算这部分排放还需要不同油品的排放因子。可以通过交通工具的登记注册资料或抽样调查对燃料油数据进行进一步的细分。所有边界内的燃料油销售数据第一步都计入范围 1 的排放，即使这些购买的燃料用于跨界的行程。随后，城市可以采用抽样调查或使用其他方法将燃料油销售数据核算的排放在范围 1 和范围 3 之间分配。

### 2. 引导性交通活动方法

量化由城市交通引起的排放，分析包括行程的起点、终点是否在城市范围内的多种情况。数据范围包括每种特定交通工具的车辆公里数、车辆燃料的能源强度和排放因子。为了分配城市之间行程的排放责任，城市可以采用以下两种方法明确行程的起点和终点：

（1）报告 50% 的跨界行程（不包括路过的行程）。在这 50% 的行程里，城市边界内的属于范围 1，其他边界外的部分属于范围 3。如果这 50% 的里程全部发生在城市边界内，那么所有这 50% 的行程都属于范围 1。这种情况包括起点和终点都在城市范围内的情况，但不包括路过的行程（起点和终点都不在城市范围内）的情况，虽然这种情况也属于边界内排放。这种方法的需要面临的一个困难就是不同的交通模型有可能包括这部分不计入范围 1 的路过的行程的排放。如图 3 – 2 所示，A 部分可能属于边界内排放但范围 1 没有计入。明确了交通模型的城市可以确认这部分排放。

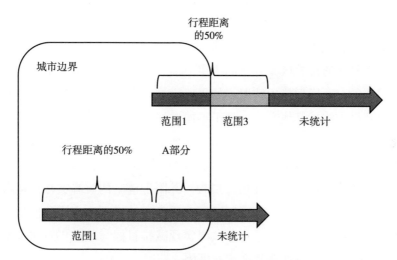

**图 3 - 2  引导性交通活动水平分配方法**

资料来源：C40，ICLEI，WRI. Global Protocol for Community - Scale Greenhouse Gas Emission Inventories（GPC）—An Accounting and Reporting Standard for Cities ［R］. C40 Cities Climate Leadership Group：London，UK；International Council for Local Environmental Initiatives Local Governments for Sustainability：Bonn，Germany；World Resources Institute：Washington，DC，USA，2014。

（2）只报告路面上分离的行程。为简便起见，城市可以只核算分离的行程。100%的行程都在核算范围内，边界内的部分属于范围1，边界外的部分属于范围3。

3. 地理或者行政边界方法

这种方法只考虑城市边界内的排放，不考虑行程的起点和终点是否在城市。只考虑城市内的车辆里程数，这种模型同范围1的排放一致，包含所有边界内的交通活动。尽管没有考虑边界外的排放，为了获得边界外的排放报告范围3的内容可以采用额外的抽样调查。

4. 居民活动水平数据方法

这种方法只考虑城市居民的交通活动产生的排放，需要从登记注册记录和住户调查来获得居民车辆里程数的信息。清单可以应用出发地和目的地分配原则方法把城市居民排放划归为范围1和范围3。同其他方法相比这些居民活动水平数据调查难度较低但是费用高昂，并且忽略了非城市居民（如旅游者）在城市范围内往返的排放影响。

选择何种交通排放核算方法的决定之前，首先需要咨询本地城市交通规划部门使用的交通模型使用情况。如果城市缺乏交通模型数据，可以使用燃料油销售数据方法或其他方法。基于不同方法学的排放结果差异可能非常显著，可以根据区域内可获得数据的精度和质量、清单的目的确定方法学和边界选择。不同年份的清单城市应该尽量选择一致的方法，方法改变时需要清晰说明。应该确认选择一种并核算报告，并附上清晰的解释文档。随着经济社会发展水平的不断提高，有可能可以采用新科技工具、方法和模型获得更精确相关的数据。改变方法学对于城市实现减排目标与基准年对比提出了挑战，因为需要重新计算计算基准年的排放。

## （二）废弃物排放处理核算方法

城市产生废弃物包括固体废弃物和废水，这些废弃物有可能在城市内部或运往城市外部处理。废弃物处理过程中厌氧处理、分解和燃烧会产生温室气体排放。城市应该报告所有边界内产生的废弃物处置产生的温室气体排放，无论这些废弃物是在城市边界内或城市边界外产生的。在城市边界外产生运往城市边界内处置的废弃物不在基本层次（BASIC)/扩展层次（BASIC＋）报告范围内，但是应该在范围1的排放中报告。

废弃物和废水排放分类，为了核算方便，应用以下规则：

### 1. 范围1：城市边界范围内废弃物处置产生的排放

包括城市边界内所有废弃物处置产生的排放，不考虑这些废弃物是在城市边界内或城市边界外产生的。但是，只有城市边界内产生的废弃物需要在基本层次（BASIC)/扩展层次（BASIC＋）报告范围内清单中报告。在城市边界外产生运往城市边界内处置的废弃物只需要在范围1的清单中报告。

## 2. 范围2：不适用

城市边界范围内废弃物处理设施使用电力产生的排放已经包含在范围2固定源燃烧的统计范围内，包括商业和机构建筑设施用能产生的排放。

## 3. 范围3：城市边界内部产生的排放但是在城市外部处置产生的排放

包括全部城市内部产生但是在位于城市边界以外的设施处置产生的排放。图3-3显示了废弃物部门边界内外所有的排放源，废弃物部门调入和调出的边界。

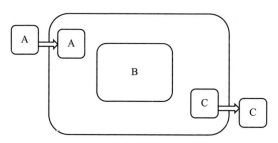

**图3-3　废弃物部门调入和调出的边界**

资料来源：C40，ICLEI，WRI. Global Protocol for Community-Scale Greenhouse Gas Emission Inventories（GPC）—An Accounting and Reporting Standard for Cities［R］. C40 Cities Climate Leadership Group：London，UK；International Council for Local Environmental Initiatives Local Governments for Sustainability：Bonn，Germany；World Resources Institute：Washington，DC，USA，2014。

在图中：A表示在城市边界外部产生在城市边界内部处置的废弃物。B表示在城市边界内部产生在城市边界内部处置的废弃物。C表示在城市边界内部产生在城市边界外部处置的废弃物。

基于以上分类，废弃物部门的清单报告要求如下：

范围1排放＝A＋B。

范围3排放＝C。

只有城市边界内产生的废弃物（B＋C）是需要在基本层次（BASIC）/扩展层次（BASIC＋）报告的清单范围内。

# 第四节　城市温室气体核算不确定性

不确定性分析是一个完整温室气体清单的基本组成之一。《联合国气候变化框架公约》规定每一个缔约方国家都有义务提交本国的信息通报，内容包括高质量的国家温室气体清单数据、为履行公约已经和将要采取的相应措施和缔约方认为适合提供的其他信息。高质量的清单数据特点包括透明度、一致性、可比性、完整性和准确性（IPCC，2000）。不确定性分析过程是同清单编制过程紧密相连的，包括不同部门、不同方法层次的综合过程。通过对识别和量化不确定性重要性的认识，为选择活动水平数据、排放因子和核算方法提供参考依据，可以提高温室气体排放清单的有效性和准确性，有助于建立更有效的减排政策措施。城市温室气体清单核算过程中的不确定性，包括排放因子等参数方法的不确定性和排放源活动水平数据的不确定性，以及影响清单结果的其他因素。

## 一、不确定性核算标准

受到气候模式发展水平的限制，尤其在区域和局地尺度上，由此造成的气候变化预估的不确定性较大。宏观的国家层次及全球区域尺度，不确定性评价的理论和研究实践逐渐发展。与此相对应，国家区域尺度内部的温室气体核算（如城市温室气体清单）不确定性评价研究相对不足。虽然不同尺度上温室气体核算工具和方法研究取得了很大进展，但目前尚缺乏城市等区域尺度上的温室气体清单不确定性分析指南或标准。比国家尺度相对更小的区域尺度上的温室气体清单不确定性研究方法目前也仍然主要沿用 IPCC 的不确定性分析方法学。GPC 中仍然采用 IPCC 系列指南推荐的方法评估城市温室气体清单不确定性。IPCC 的《国家温室气体清单优良作法指南和不确定性管理》和《2006 年 IPCC 国家温室气体清单指南》（IPCC，2000，2006）中提供了详细的国家层面的不确定性分析方法和格式，以及降低不确定性的优良作法。

国家和城市温室气体计量框架、不确定性分析框架使用的统计数据口径较为相似，一方面有利于温室气体清单结果和不确定性分析结果的比较，另一方面说明城市温室气体清单不确定性评价研究相对不足。城市温室气体清单不确定性主要体现在参数方法的不确定性和活动水平数据的不确定性两个方面。

## 二、参数方法的不确定性

首先，IPCC 提供的排放因子等固定参数存在不确定性。IPCC 提供的排放因子等参数在不同的城市范围内使用存在适用性问题，但是本地化排放因子由区域特点地理条件、气候因素和生产生活活动特点决定，需要长时间大量的观测数据计算很难获得。其次，考虑到清单编制国家城市的具体情况，参数数据的来源和核算方法非常多、不确定性很大。比如中国能源统计体系同国际能源体系标准存在很多差异，使得使用 IPCC 国际指南时存在困难和误差。中国的煤炭种类分成原煤、洗精煤、其他洗煤、型煤、煤矸石、煤制品、焦炭，以及焦炉煤气、高炉煤气等，国际上把煤炭燃料分为无烟煤、烟煤、褐煤。关于风能、太阳能、生物质能等可再生能源发电和使用部分的统计更是缺乏。天然气等气体化石燃料、电力折算系数等能源计量单位，中国使用的是立方米和等价热值法，而国际上是通用的千焦、吨油当量、当量热值法。

## 三、活动水平数据的不确定性

城市除了符合城市特点的本地化排放因子难以获得以外，按照 IPCC 方法学的部门分类，中国城市不同排放源部门排放方法和活动水平数据收集的不确定性来源包括以下五个方面：

（一）能源部门

化石燃料燃烧导致的排放计算中，城市的能源平衡表是计算城市能源直接排放和电力间接排放的最主要来源。很多中国城市没有公开的能源平衡表，已有能源平衡表的城市数据结果中会有部分冲突，仍然需要部门调研数据校对和专家判断。没有能源平衡表的城市能源核算仅包括城市主要行业规模以上企业的主要能源品种消费量（煤炭、汽油、煤油、柴油、液化石油气、天然气、电力等）。能源核算品种不全导致缺乏能源平衡表的城市排放结果误差大且难以比较。

交通能源化石燃料燃烧排放统计中活动水平数据来源存在一定误差，一般情况下城市交管所具有不同类型交通工具保有量活动水平数据，交通委员会具有不同交通工具的不同能源消费量活动水平数据。航空排放的统计由民航地区管理局使用民航行业统计标准提供。不同类型交通工具的年行驶里程数和百公里油耗数据，很难考虑不同车型分类计算，只能使用平均值进行估计。

生物质燃料燃烧排放不同发展阶段的差异很大。由于生物质属于非商品能源，活动水平统计难度较大。农业生产活动较多的城市往往缺乏生物质燃料消耗量的统计数据，秸秆燃烧量需要根据各类农作物的产量、草谷比、秸秆还田率来推算。部分秸秆的还田率等活动水平数据很难获得。

（二）工业生产过程

工业生产过程不确定性主要受到工业生产过程活动水平数据和生产工艺类型缺乏等因素影响。工业生产过程活动水平数据很多来自千家企业节能行动①企业问卷调研分析得出的。没有纳入千家企业节能行动的生产企业和纳入千家企业节能行动的企业但没有有效数据反馈的企业数据很难获得或者获

---

① 2006 年国家发展改革委、国家能源办、国家统计局、国家质检总局、国务院国资委研究决定在重点耗能行业组织开展千家企业节能行动并制定《千家企业节能行动实施方案》。千家企业是指钢铁、有色、煤炭、电力、石油石化、化工、建材、纺织、造纸等 9 个重点耗能行业规模以上独立核算企业。

取成本很高。受宏观经济波动影响，一部分行业企业破产兼并或者改组改制、更改企业名称或者进行其他调整。由于新生产企业进入和部分生产企业调整关闭停产给核算数据收集带来很大困难。生产工艺类型活动水平数据中，比如水泥行业中用电石渣生产的熟料活动水平数据，炼钢过程中石灰石、白云石使用的活动水平数据和铝生产过程中的生产工艺技术类型都比较难以获得。

### （三）农业

由于中国南北方气候条件不同，农业种植规模制度存在很大差异。双季、多季早稻晚稻分类播种面积数据缺乏，分农作物品种的秸秆还田率、分动物品种的饲养类型比例数据，不同肥料品种施用量和化肥品种氮含量的数据，畜禽总排泄氮量、乡村人口总排泄氮量数据相对缺乏。

### （四）土地利用和变化

小规模的森林燃烧数据通常缺乏，发生的地表火把"有林地"转化为"非林地"的"森林转化"这部分碳排放无法考虑。森林的生物量和碳储量需要连续的森林资源清查，否则不能使用内插法估算单独年份的各种活动水平数据。森林和其他木质生物质部分的蓄积量、年净生长量、活立木蓄积量消耗率、灌木林和竹林面积变化数据等重要数据也难以获得。

### （五）废弃物处理

固体废弃物填埋处理甲烷排放方法通常采用质量平衡法假设所有潜在的甲烷均在处理当年就全部排放完。这种假设虽然在估算时相对简单方便但会高估甲烷的排放，因此计算结果与真实值存在偏差。固体废弃物填埋处理甲烷排放国际上经常采用动力学产气评估模型。IPCC 国家温室气体清单指南已经给出了比较完善的固体废弃物填埋场产气排放动力学一阶衰减模型（first order decay，FOD）完整的数学形式、参数范围和使用指南。中国不同城市生活垃圾成分同发达国家地区有很大不同，固体废弃物填埋产气的温度、湿度等自然条件也有明显差异。另外，一阶衰减模型计算需要多年连续时间序列排放数据，给核算和不确定性分析都增加了难度。污水处理中，生活污水中化学需氧量排放量、工业污水处理企业处理系统去除的化学需氧量活动水平数据、分行业工业废水类型分类处理数据难以获得。

按照 GPC 等方法进行核算时，对城市不同部门的范围刻画更加详尽。但是不同国家城市管理的部门划分同 GPC 的分类存在很多差异，很难存在完全对应的部门分类和相应数据统计。在使用详尽部门分类进行核算时，需要进行取舍、假设一致和对部门进行拆分合并。关于排放源的不同定义和范围界定也是采用不同方法对城市温室气体进行核算的不确定性来源之一。

# 第五节 小　　结

城市发展带来了繁荣，同时也消耗了大量的能源和资源，已经成为重要的温室气体排放源。城市温室气体清单核算是城市低碳发展的基础性工作。对城市温室气体排放进行准确的评估，是进行城市低碳发展相关研究和建立有效的城市温室气体措施的前提和关键。本章梳理了城市温室气体清单核算标准与核算边界的研究现状并对 IPCC 城市温室气体清单核算方法和 GPC 中城市温室气体清单核算范围和核算方法进行了介绍。本章小结如下：

（1）基于 IPCC 方法学和 GPC 方法学是目前应用最为广泛的城市温室气体清单核算方法。城市由于自身尺度规模和连接性的特点决定了它们在城市边界外的高排放，度量行政边界外的排放可以在评估城市应对气候变化时采取更全面的方法。目前城市温室气体核算主要划分成三个层次的细节或范围，范围 1（Scope1）、范围 2（Scope2）和范围 3（Scope3）排放。

（2）基于 IPCC 方法的城市温室气体核算编制部门分类完整更利于不同城市核算结果研究比较，更有利于追溯确定排放源主体的排放责任。基于 IPCC 方法核算温室气体排放具有成熟的标准指南，评估过程程序相对简单，有利于直接排放源的核算，追溯直接排放源的责任。但是随着核算范围边界的缩小，在定义边界内的排放同边界外的排放活动相互关联越多。城市的决策者不能简单地依赖直接排放做出减排决策，在相对较小的范围边界上的减排必须考虑边界以外的排放。

（3）GPC 方法中不同范围的排放源和核算方法不同。由于地理覆盖范围相对较小，范围 2 和范围 3 的跨界排放可能在不同的城市温室气体核算的范围比例很大。虽然采用 GPC 方法的范围 3 的详细城市温室气体清单编制更能体现城市排放的特点，但是城市跨界间接排放计算范畴需要明细的活动水平数据获得，对于大多数城市都难以实现。

（4）根据目前的城市清单指南核算这些跨界排放的不确定性仍然很高。无论是排放因子还是活动水平数据，同国家等相对较大地理范围的数据相比，城市层面上数据相对缺乏，这一点在国内外都是非常相似的。城市层级的细分数据不确定性高，特别是温室气体核算所需要的能源消费数据，这些数据的质量给城市低碳发展战略的制定和实施带来了很大困难。中国幅员辽阔，城市之间不同经济社会发展水平差距大，获得温室气体核算所需要的完整数据难度很大，对于分析和核算不确定性的影响更明显。

| 第四章 |

# 城市温室气体清单核算应用

目前国内外城市温室气体清单核算标准体系研究和实践工作都取得了很大进展，实践中应用最为广泛的 IPCC 和 ICLEI 的方法学在中国城市层面应用都有一定的适用性和局限性。基于属地排放的 IPCC 方法学不能反映城市跨边界活动及相关排放多的特征。基于发达国家城市情况开发 ICLEI 指南方法学难以在中国一般意义上的城市上直接套用。综上所述，本章采用基于 IPCC 方法学核算城市温室气体清单的基础上，考虑城市电力调入调出范围 2 跨界排放的核算方法。

## 第一节　清单编制数据来源

### 一、活动水平数据来源

本章应用 IPCC 方法，考虑城市范围 2 电力调入调出跨界排放对中国吉林省吉林市 2010 年的城市温室气体清单进行核算。本章内容依托 2014 年中国社会科学院城市发展与环境研究所承担的"十二五"国家科技支撑计划"城镇碳排放清单编制方法与决策支持系统研究、开发与示范课题"（2011BAJ07B07）项目中吉林市调研报告完成。吉林市各部门活动水平数据来源包括：历年《中国能源统计年鉴》《吉林统计年鉴（2011）》《吉林市社会经济统计年鉴（2011）》《磐石市年鉴（2011）》《吉林省 2010 年省级温室气体清单报告》等相关统计资料、政府规划文件和各行业统计年鉴、行业专家咨询调研推算等。

## 二、排放因子和特定参数来源

清单编制中使用的排放因子和不同部门和排放有关的特定参数数据来源包括：《中国城镇温室气体清单编制指南》（中国社会科学院城市发展与环境研究所，2014）、《省级温室气体清单编制指南（试行）》（省级温室气体清单编制指南编写组，2011）。清单编制中使用的不同种类温室气体的全球增温趋势采用 IPPC 第二次评估报告（IPCC，1996）的 100 年全球增温趋势值如表 4－1 所示，将不同温室气体统一折算成二氧化碳当量。

表 4－1　　　　　IPCC 第二次评估报告中的 100 年全球增温潜势值

| 温室气体种类 | | IPCC 第二次评估报告值 |
| --- | --- | --- |
| 二氧化碳（$CO_2$） | | 1 |
| 甲烷（$CH_4$） | | 21 |
| 氧化亚氮（$N_2O$） | | 310 |
| 氢氟碳化物（HFCs） | HFC-23 | 11700 |
| | HFC-32 | 650 |
| | HFC-125 | 2800 |
| | HFC-134a | 1300 |
| | HFC-143a | 3800 |

续表

| 温室气体种类 | | IPCC 第二次评估报告值 |
|---|---|---|
| 氢氟碳化物（HFCs） | HFC-152a | 140 |
| | HFC-227ea | 2900 |
| | HFC-236fa | 6300 |
| | HFC-245fa | — |
| 全氟化碳（PFCs） | $CF_4$ | 6500 |
| | $C_2F_6$ | 9200 |
| 六氟化硫（$SF_6$） | | 23900 |

注："—"表示无。
资料来源：IPCC 第二次评估报告（IPCC，1996）。

# 第二节　分部门清单编制

## 一、能源活动

### （一）核算范围

从数据可得性和方法可操作角度出发，吉林市温室气体清单对范围 1 和范围 2 进行核算，其中范围 2 核算电力调入调出间接排放。由于城市电力调出数据不确定性高，所以本章主要对范围 1 部分温室气体排放结果进行分析，对范围 2 电力调入调出排放进行介绍。

#### 1. 化石燃料燃烧活动

吉林市首先在工业部门通过各种燃烧设备消耗了大量化石燃料。2010年，全市规模以上工业企业综合消耗能源消费量 1373.8 万吨标准煤。钢铁、汽车、能源化工和建材等主导产业多属于高耗能行业。另外，农业部门、建筑部门、服务部门、居民生活部门对能源的消耗都不同程度地带来了温室气体的排放。

2. 生物质燃烧活动

吉林市及周边地区拥有丰富的玉米、玉米芯、秸秆、稻草、林间废弃物。用于燃烧的秸秆、薪柴、木炭、动物粪便等生物质资源较多。

3. 煤炭开采和矿后活动逃逸排放

2010 年吉林市共生产原煤 614 万吨，以舒兰矿务局为主、地方小煤矿为辅。

4. 石油和天然气系统逃逸排放

2010 年吉林市还不存在石油及天然气的开采，本研究只考虑天然气消费产生的温室气体排放。

5. 移动源燃料燃烧

结合《2006 年 IPCC 国家温室气体清单指南》（IPCC，2006）、《省级温室气体清单编制指南（试行）》（省级温室气体清单编制指南编写组，2011）中对交通运输工具的分类，交通运输部门的排放源可分为公路、铁路、航空、水运等。2010 年全市民用车辆拥有 703305 辆，其中汽车 272846 辆、摩托车 239030 辆、农用运输车 27026 辆、拖拉机 160199 辆。交通部门是移动源化石燃料燃烧温室气体排放的主要来源。

（二）核算参数

吉林市主要能源供应部门吉林热电厂使用的煤炭类型为烟煤占 3/4，褐煤占 1/4。烟煤主要来源于黑龙江省东四矿和地方煤炭企业。褐煤主要由吉林市舒兰矿务局供应。全部由火车运输，到站为吉林北站。所需烟煤质量指标为低位发热量 19.65 兆焦/千克（MJ/kg），干燥无灰基挥发分质量分数为37%，干基灰分质量分数为 30%；所需褐煤质量指标为低位发热量 12.54 兆

焦/千克（MJ/kg）以上，干燥无灰基挥发分质量分数为45%，干基灰分质量
分数为50%以下。分品种化石燃料固碳率见表4-2。生物质燃烧、煤矿开采
和天然气系统排放因子见表4-3。表4-2，4-3参数和排放因子资料来源
为《省级温室气体清单编制指南（试行）》（省级温室气体清单编制指南编写
组，2011）。

表4-2 　　　　　　　　　　分品种化石燃料固碳率　　　　　　　　　单位：%

| 用于固碳的"燃料" | 固碳率 | 用于固碳的"燃料" | 固碳率 |
|---|---|---|---|
| 润滑油 | 50 | 汽/柴油 | 50 |
| 沥青 | 100 | 天然气 | 33 |
| 煤焦油/石脑油 | 75 | LPG、乙烷 | 80 |

表4-3 　　　　　　生物质燃烧、煤矿开采和天然气系统排放因子

| 活动水平类型、单位 | | 温室气体 | 排放因子 |
|---|---|---|---|
| 生物质燃料燃烧默认排放因子 | 秸秆（克/千克燃料） | 甲烷（$CH_4$） | 5.2 |
| | | 氧化亚氮（$N_2O$） | 0.13 |
| | 薪柴（克/千克燃料） | 甲烷（$CH_4$） | 5.2 |
| | | 氧化亚氮（$N_2O$） | 0.13 |
| 井工开采煤矿默认排放因子 | 国有地方（立方米/吨） | 甲烷（$CH_4$） | 8.35 |
| | 乡镇（包括个体）（立方米/吨） | 甲烷（$CH_4$） | 6.93 |
| 天然气系统默认排放因子 | 天然气消费（吨/亿立方米） | 甲烷（$CH_4$） | 133 |

　　吉林市2010年电力产量150.42亿千瓦时，其中水电60.95千瓦时、火
电89.47千瓦时。调出16.9亿千瓦时，用电量为133.46亿千瓦时。根据国
家气候中心发布的2010年中国区域及省级电网平均二氧化碳排放因子公布的
数据，2010年吉林省电网平均二氧化碳排放因子为0.6787千克二氧化碳每
千瓦时（kg $CO_2$/kWh）。

　　吉林市调出的电力排放因子计算步骤为：首先核算吉林市2010年火电生

产温室气体排放为 895.01 万吨，电力产量 150.42 亿千瓦时，则吉林市电网排放因子为 0.5950 千克二氧化碳每千瓦时（kg $CO_2$/kWh）。

吉林市用于终端消费电力排放因子 = （吉林市火力发电产生温室气体排放 - 吉林市电力调出温室气体排放）/全社会用电量 = （895.01 万吨 - 115.11 万吨）/133.46 亿千瓦时 = 0.5844 千克二氧化碳每千瓦时（kg $CO_2$/kWh）。

（三）活动水平数据

根据《中国城镇温室气体清单编制指南》（中国社会科学院城市发展与环境研究所，2014）中能源部门化石燃料燃烧活动数据整合的方法整理 2010 年吉林市能源平衡表获得城市温室气体清单编制所需的能源工业、其他工业部门、交通、建筑和农业部门的化石燃料燃烧活动数据。不同部门的化石燃料燃烧活动数据见表 4-4，能源平衡表数据重组方法见表 4-5。为避免重复计算，将电力生产温室气体排放在总计中核减。电力调入调出数据见表 4-6，煤炭开采数据见表 4-7，石油和天然气系统逃逸排放数据见表 4-8。生物质燃烧消耗量见表 4-9。

表 4-4　　　　2010 年吉林市不同部门化石燃料燃烧活动数据

| 能源品种 | 能源工业 | | 其他工业 | 建筑 | 交通 | 农业 |
|---|---|---|---|---|---|---|
| | 1. 火力发电 | 2. 供热 | | | | |
| 原煤（万吨） | 535.70 | 577.20 | 592.74 | 303.54 | 32.00 | 56.30 |
| 无烟煤（万吨） | | | 0.43 | | | |
| 烟煤（万吨） | 420.00 | 348.00 | 390.20 | 153.14 | 17.20 | 29.00 |
| 褐煤（万吨） | 115.70 | 229.20 | 202.10 | 150.40 | 14.80 | 27.30 |
| 洗精煤（万吨） | | | 6.20 | 0.74 | | |
| 其他洗煤（万吨） | 17.80 | 41.70 | | | | |
| 型煤（万吨） | | | 0.42 | 0.90 | | |

续表

| 能源品种 | 能源工业 | | 其他工业 | 建筑 | 交通 | 农业 |
|---|---|---|---|---|---|---|
| | 1. 火力发电 | 2. 供热 | | | | |
| 焦炭（万吨） | | | 84.70 | 1.70 | | |
| 焦炉煤气（亿立方米） | | | 0.06 | | | |
| 其他煤气（亿立方米） | 0.75 | | 0.75 | | | |
| 其他焦化产品（万吨） | | | 0.05 | | | |
| 原油（万吨） | | | 0.00 | | | |
| 汽油（万吨） | | | 0.35 | 0.19 | 21.51 | 0.03 |
| 煤油（万吨） | | | 0.01 | | | |
| 柴油（万吨） | | | 6.88 | 1.79 | 24.44 | 3.07 |
| 燃料油（万吨） | 0.74 | 6.16 | 4.72 | | | |
| 液化石油气（万吨） | | | 0.05 | 13.40 | 2.07 | 0.50 |
| 炼厂干气（万吨） | | | 22.65 | | | |
| 其他石油制品（万吨） | | | 16.48 | | | |
| 天然气（亿立方米） | | | 0.27 | 0.80 | | |
| 热力（万百万千焦） | | | 5330.80 | 2859.00 | 190.00 | |
| 电力（亿千瓦时） | | | 107.73 | 23.50 | 0.69 | 1.42 |

注：空白处表示无该细分种类活动数据。
资料来源：《吉林市社会经济统计年鉴（2011）》和部门调研。

表 4-5　　　　　　　　　能源平衡表数据重组方法

| 产业 | 项目名称 | 序列号 | 各行业交通所占能耗的估算值 | 重组后所属行业 |
|---|---|---|---|---|
| 第一产业 | 农、林、牧、渔业 | 24 | 97%的汽油和30%的柴油 | 农业 |
| 第二产业 | 工业 | 25 | 除原料消耗以外95%的汽油和35%的柴油 | 工业 |
| | 建筑业 | 27 | 95%的汽油和35%的柴油 | 工业 |

续表

| 产业 | 项目名称 | 序列号 | 各行业交通所占能耗的估算值 | 重组后所属行业 |
|---|---|---|---|---|
| 第三产业 | 交通运输、邮政和仓储业 | 28 | 所有能源消费，除15%的电力 | 交通 |
| | 批发、零售和住宿、餐饮 | 29 | 95%的汽油和35%的柴油 | 建筑 |
| | 其他 | 30 | 95%的汽油和35%的柴油 | 建筑 |
| 其中：居民生活 | | 31 | 所有汽油和95%的柴油 | 建筑 |

资料来源：中国社会科学院城市发展与环境研究所. 中国城镇温室气体清单编制指南 [R]. 北京：中国社会科学院城市发展与环境研究所，2014。

**表 4 - 6**　　　　　**2010 年吉林市电力调出数据**　　　单位：亿千瓦时

| 项目 | 调出 |
|---|---|
| 电力 | 16.96 |

资料来源：《吉林市社会经济统计年鉴（2011）》和部门调研。

**表 4 - 7**　　　　　**煤炭开采数据**　　　单位：万吨

| 煤矿类型 | 井工开采 | 露天开采 | 高瓦斯矿 | 低瓦斯矿 | 瓦斯矿 | 甲烷回收 |
|---|---|---|---|---|---|---|
| 国有重点 | — | — | … | … | | |
| 地方国有 | 300 | — | … | … | 是 | — |
| 乡镇（含个体） | 31 | — | … | … | 是 | — |

注："—"表示无，"…"表示现在不按此划分，其他矿均已停产。
资料来源：根据《吉林市社会经济统计年鉴（2011）》推算。

**表 4 - 8**　　　　　**2010 年吉林市天然气数据**　　　单位：亿立方米

| 活动环节 | 数量 |
|---|---|
| 天然气消费 | 1.07 |

资料来源：《吉林市社会经济统计年鉴（2011）》和部门调研。

表 4 - 9               **生物质燃烧消耗量**         单位：吨

| 生物质种类 | 省柴节煤灶 | 传统灶 | 火盆火锅等 | 牧区灶具 |
|---|---|---|---|---|
| 秸秆 | 2287200 | | | |
| 薪柴 | 649500 | | | |
| 木炭 | | | | |
| 动物粪便 | | | | |

注：表中空白处表示无该细分种类数据。
资料来源：根据《吉林市社会经济统计年鉴（2011）》整理计算。

## （四）温室气体清单

2010 年吉林市能源活动部门温室气体清单报告如表 4 - 10 所示。

表 4 - 10               **能源活动温室气体清单**         单位：吨

| 排放源与吸收汇种类 | 直接排放 | | | 间接排放 | 总计 |
|---|---|---|---|---|---|
| | 二氧化碳（$CO_2$） | 甲烷（$CH_4$） | 氧化亚氮（$N_2O$） | 二氧化碳（$CO_2$） | 二氧化碳当量（$CO_2e$） |
| 能源活动总计 | 21522363.21 | 41276.55 | 349.30 | 17238622.99 | 39736075.56 |
| 1. 化石燃料燃烧 | 21522363.21 | 0.00 | 0.00 | 17238622.99 | 38760986.20 |
| 工业 | 13511124.40 | | | 12305007.32 | 25816131.72 |
| 能源工业 | 18396518.61 | | | | |
| 火力发电 | 8950197.56 | | | | |
| 供热 | 9446321.05 | | | | |
| 交通 | 1933612.39 | | | 254417.78 | 2188030.17 |
| 建筑 | 5121684.54 | | | 4596213.09 | 9717897.62 |
| 农业 | 955941.88 | | | 82984.80 | 1038926.68 |
| 2. 生物质燃烧 | | 13647.09 | 349.30 | | 394870.65 |
| 3. 煤炭开采逃逸 | | 27487.15 | | | 577230.20 |
| 4. 油气系统逃逸 | | 142.31 | | | 2988.51 |

注：表中空白处表示无该种类排放数据。

## 二、工业生产过程

### （一）核算范围

2010 年吉林市规模工业完成产值 2130 亿元，同比增长 27%；完成增加值 620 亿元，同比增长 14%；实现利润 54.7 亿元，同比增长 257%。结合吉林市当地生产部门实际情况，温室气体清单编制范围包括：水泥生产过程、石灰生产过程、钢铁生产过程、硝酸生产过程和半导体生产过程产生的温室气体排放清单。吉林市主要的工业生产过程及其排放温室气体类型如表 4－11 所示。

表 4－11　　2010 年吉林市主要的工业生产过程及其排放温室气体类型

| 工业生产过程 | 排放温室气体类型 |
|---|---|
| 水泥生产过程 | 二氧化碳（$CO_2$） |
| 石灰生产过程 | 二氧化碳（$CO_2$） |
| 钢铁生产过程 | 二氧化碳（$CO_2$） |
| 硝酸生产过程 | 氧化亚氮（$N_2O$） |
| 半导体生产过程 | 四氟化碳（$CF_4$）、三氟甲烷（$CHF_3$）、六氟化硫（$SF_6$） |

### （二）核算参数

水泥、石灰、钢铁、硝酸和半导体生产过程默认排放因子如表 4－12 所示。

表 4－12 排放因子和参数资料来源为《省级温室气体清单编制指南（试行）》（省级温室气体清单编制指南编写组，2011）。

表4-12                    工业生产过程默认排放因子和参数

| 类别 | | 缺省排放因子和参数 |
|---|---|---|
| 1. 水泥生产 | 水泥熟料（吨二氧化碳/吨熟料） | 0.538 |
| 2. 石灰石生产（吨二氧化碳/吨石灰石） | | 0.683 |
| 3. 钢铁生产 | 石灰石（吨二氧化碳/吨石灰石） | 0.43 |
| | 白云石（吨二氧化碳/吨白云石） | 0.474 |
| | 生铁含碳量（%） | 4 |
| | 粗钢含碳量（%） | 0.248 |
| 4. 硝酸生产 | 常压法产量（吨氧化亚氮/吨硝酸） | 0.00972 |
| 5. 半导体生产 | 四氟化碳（$CF_4$）排放系数（%） | 43.56 |
| | 三氟甲烷（$CHF_3$）排放系数（%） | 20.95 |
| | 六氟化硫（$SF_6$）排放系数（%） | 19.51 |

## （三）活动水平数据

不同工业产品工业生产过程活动水平数据如表4-13所示。

表4-13                    工业生产过程活动水平数据

| 产品 | 活动水平数据 | |
|---|---|---|
| 水泥 | 熟料产量（万吨） | 601.43 |
| | 水泥产量（万吨） | 93.89 |
| 石灰 | 石灰产量（万吨） | 45.40 |
| 钢铁 | 石灰石消耗量（万吨） | 30.58 |
| | 生铁产量（万吨） | 113.34 |
| | 钢材产量（万吨） | 161.5 |
| 硝酸 | 硝酸产量（常压法） | 5.03 |
| 半导体 | 四氟化碳（$CF_4$）用量（千克） | 93 |
| | 三氟甲烷（$CHF_3$）用量（千克） | 30 |
| | 六氟化硫（$SF_6$）用量（千克） | 100 |

数据来源：水泥产品数据来自《磐石市统计年鉴（2011）》，其他产品数据来自《吉林统计年鉴（2011）》和《吉林市社会经济统计年鉴（2011）》。

## （四）温室气体清单

2010 年吉林市工业生产过程温室气体清单报告核算结果如表 4 – 14 所示，工业过程合计碳排放为 415.57 万吨。

**表 4 –14**　　　　　　　　　**工业生产过程温室气体清单**　　　　　单位：吨

| 排放源与吸收汇种类 | 二氧化碳（$CO_2$） | 甲烷（$CH_4$） | 氧化亚氮（$N_2O$） | 氢氟碳化物（HFCs） | 全氟化碳（PFCs） | 六氟化硫（$SF_6$） | 二氧化碳当量（$CO_2e$） |
|---|---|---|---|---|---|---|---|
| 工业过程总计 | 4003374.47 | 0.00 | 488.92 | 0.01 | 0.04 | 0.02 | 4155742.87 |
| 1. 水泥生产过程 | 3235693.40 | | | | | | 3235693.40 |
| 2. 石灰生产过程 | 310082.00 | | | | | | 310082.00 |
| 3. 钢铁生产过程 | 457599.07 | | | | | | 457599.07 |
| 4. 硝酸生产过程 | | | 488.92 | | | | 151565.20 |
| 5. 半导体生产过程 | | | | 0.0063 | 0.0411 | 0.020 | 803.20 |

注：表中空白处表示无该种类排放数据。

# 三、农业

## （一）核算范围

吉林市农业温室气体排放清单共包括稻田甲烷排放及农用地氧化亚氮排放，动物肠道发酵甲烷排放、动物粪便管理甲烷和氧化亚氮排放。

## （二）核算参数

2010 年吉林市农业部门稻田甲烷缺省排放因子见表 4 –15，农田直接氧化亚氮排放因子见表 4 –16，间接排放氧化亚氮排放因子见表 4 –17，动物氮排泄量，肠道发酵缺省排放因子见表 4 –18、表 4 –19，动物粪便管理甲烷缺省排放因子见表4-20，动物粪便管理氧化亚氮缺省排放因子见表4-21。以上7个表格中农业部门排放因子和参数资料来源为《省级温室气体清单编制指南（试行）》（省级温室气体清单编制指南编写组，2011）。

**表4-15**　　　　　　　　　**稻田甲烷缺省排放因子**　　　　　　单位：千克甲烷/公顷

| 区域 | 单季稻 | |
| --- | --- | --- |
| | 范围 | 推荐值 |
| 东北 | 112.6~230.3 | 168.0 |

**表4-16**　　　　　　　　　**农田直接氧化亚氮排放因子**

单位：千克氧化亚氮/千克氮输入量

| 区域 | 推荐值 | 范围 |
| --- | --- | --- |
| Ⅱ区（黑龙江、吉林、辽宁） | 0.0114 | 0.0021~0.0258 |

**表4-17**　　　　　　　　　**间接排放氧化亚氮排放因子**

单位：千克氧化亚氮/千克氮输入量

| 间接排放类型 | 间接排放氧化亚氮排放因子 |
| --- | --- |
| 大气氮沉降 | 0.001 |
| 淋溶径流 | 0.0075 |

**表4-18**　　　　　　　　　**动物氮排泄量**　　　　　　单位：千克/头·年

| 动物种类 | 氮排泄量 |
| --- | --- |
| 奶牛 | 60 |
| 非奶牛 | 40 |
| 水牛 | 40 |
| 绵羊 | 12 |
| 山羊 | 2 |
| 猪 | 16 |

续表

| 动物种类 | 氮排泄量 |
|---|---|
| 家禽 | 0.6 |
| 马 | 40 |
| 驴/骡 | 40 |
| 骆驼 | 40 |

**表 4 - 19**             **肠道发酵缺省排放因子**         单位：千克甲烷/头

| 动物种类 | 规模化饲养 | 农户散养 | 放牧饲养 |
|---|---|---|---|
| 奶牛 | 88.1 | 89.3 | 99.3 |
| 非奶牛 | 52.9 | 67.9 | 85.3 |
| 水牛 | 70.5 | 87.7 | — |
| 绵羊 | 8.2 | 8.7 | 7.5 |
| 山羊 | 8.9 | 9.4 | 6.7 |
| 猪 | 1 | | |
| 家禽 | — | | |
| 马 | 18 | | |
| 驴/骡 | 10 | | |
| 骆驼 | 46 | | |

注："—"表示无数据。

**表 4 - 20**         **动物粪便管理甲烷（$CH_4$）缺省排放因子**

单位：千克甲烷/头·年

| 动物种类 | 东北地区 | 动物种类 | 东北地区 |
|---|---|---|---|
| 奶牛 | 2.23 | 猪 | 1.12 |
| 非奶牛 | 1.02 | 家禽 | 0.01 |
| 水牛 | 0 | 马 | 1.09 |
| 绵羊 | 0.15 | 驴/骡 | 0.60 |
| 山羊 | 0.16 | 骆驼 | 1.28 |

**表 4 – 21**　　　　　　　　**动物粪便管理氧化亚氮缺省排放因子**

单位：千克氧化亚氮/头·年

| 动物种类 | 东北 | 动物种类 | 东北 |
|---|---|---|---|
| 奶牛 | 1.096 | 猪 | 0.266 |
| 非奶牛 | 0.913 | 家禽 | 0.007 |
| 水牛 | 0 | 马 | 0.330 |
| 绵羊 | 0.057 | 驴/骡 | 0.188 |
| 山羊 | 0.057 | 骆驼 | 0.330 |

## （三）活动水平数据

2010 年吉林市农业部门稻田活动水平数据见表 4 – 22，农用地活动水平数据见表 4 – 23，化肥施用量活动水平数据见表 4 – 24，粪肥含氮量活动水平数据见表 4 – 25，农用地化肥氮投入量活动水平数据见表 4 – 26，动物养殖活动水平数据见表 4 – 27，还田氮量活动水平数据见表 4 – 28，主要农作物参数及还田比例活动水平数据见表 4 – 29，主要农作物秸秆还田氮量活动水平数据见表 4 – 30。

**表 4 – 22**　　　　　**2010 年吉林市稻田播种面积活动水平数据数据**　　　　单位：公顷

| 稻田类型 | 播种面积 |
|---|---|
| 单季稻 | 143197 |

资料来源：《吉林市社会经济统计年鉴（2011）》和部门调研。

**表 4 – 23**　　　　　　　　　　**2010 年吉林市农用地数据**

| 农作物名称 | 播种面积（公顷） | 产量（吨） | 粪肥施用量（吨/公顷） | 粪肥平均含氮量（千克/吨） | 化肥氮施用量（吨氮/公顷） | 秸秆还田量（吨） | 秸秆还田率（%） |
|---|---|---|---|---|---|---|---|
| 薯类 | 7531 | 72261 | 15 | 1.3 | 0.3 | | |
| 水稻 | 143197 | 930161 | 0 | | 0.15 | 133291 | 15.92 |
| 玉米 | 401037 | 2486609 | 0 | | 0.2 | 181549 | 6.08 |
| 花生 | 886 | 3429 | 10 | 1.3 | 0.3 | | |

注：表中空白处表示无该种类排放数据。
资料来源：《吉林市社会经济统计年鉴（2011）》和部门调研。

表 4 - 24           **2010 年吉林市化肥施用量数据**

| 项目 | 数值 |
|---|---|
| 农用化肥施用量（实物量）（吨） | 529986 |
| #氮肥（吨） | 231726 |
| 每公顷耕地施用量（实物量）（千克） | 907.4 |

资料来源：《吉林市社会经济统计年鉴（2011）》和部门调研。

表 4 - 25         **2010 年吉林市粪肥含氮量数据**       单位：%

| 粪肥种类（干） | 含氮量 |
|---|---|
| 人粪尿 | 0.60 |
| 猪粪尿 | 0.48 |
| 牛粪尿 | 0.29 |
| 鸡粪 | 1.63 |

资料来源：《吉林市社会经济统计年鉴（2011）》和部门调研。

表 4 - 26      **2010 年吉林市农用地化肥氮投入量数据**     单位：吨

| 氮肥投入氮量（纯氮） | 复合肥施用量（折纯量） | 复合肥投入氮量（折纯氮） | 化肥投入氮量（吨氮） |
|---|---|---|---|
| 95381 | 138438 | 78910 | 174291 |

资料来源：根据部门调研数据推算。

表 4 - 27         **2010 年吉林市动物养殖数据**       单位：万只

| 动物种类 | 规模化饲养 | 农户饲养 | 放牧饲养 | 总量 |
|---|---|---|---|---|
| 奶牛 | 4.8 | 1.2 | | 5.97 |
| 非奶牛 | 48.3 | 89.7 | 0.16 | 138 |
| 绵羊 | 5.0 | 8.8 | | 13.8 |
| 山羊 | 12.6 | 19.0 | | 31.6 |
| 猪 | 190.3 | 116.6 | | 306.9 |
| 马 | 0.0 | 5.8 | | 5.8 |

续表

| 动物种类 | 规模化饲养 | 农户饲养 | 放牧饲养 | 总量 |
|---|---|---|---|---|
| 驴骡 | 0.0 | 2.0 | | 2 |
| 鹿 | 9.5 | 2.7 | | 12.18 |
| 家禽 | 5361.5 | 595.7 | | 5957.2 |

注：规模养殖户标准：肉牛存栏30头、奶牛存栏50头、生猪存栏100头、肉蛋鸡存栏1000只以上的养殖户。空白处表示无该种类数据。

资料来源：《吉林市社会经济统计年鉴（2011）》和部门调研。

表4-28　　　　　　　　2010年吉林市还田氮量数据　　　　　　　单位：吨

| 动物种类 | 奶牛 | 非奶牛 | 绵羊 | 山羊 | 猪 | 马驴骡 | 鹿 | 家禽 | 乡村人口 | 合计 |
|---|---|---|---|---|---|---|---|---|---|---|
| 还田氮量 | 1030 | 11517 | 404 | 145 | 16815 | 2884 | 738 | 8179 | 7277 | 48954 |

资料来源：《吉林市社会经济统计年鉴（2011）》和部门调研。

表4-29　　　　　　　2010年吉林市主要农作物参数及还田比例数据

| 农作物名称 | 干重比 | 籽粒含氮量（吨氮/吨） | 秸秆含氮量（吨氮/吨） | 经济系数 | 根冠比 | 秸秆还田比例（%） |
|---|---|---|---|---|---|---|
| 水稻 | 0.855 | 0.01 | 0.00663 | 0.546 | 0.125 | 4.10 |
| 玉米 | 0.86 | 0.0124 | 0.0071 | 0.515 | 0.17 | 4.13 |
| 大豆 | 0.86 | 0.057 | 0.0176 | 0.440 | 0.13 | 0.60 |
| 高粱 | 0.87 | 0.017 | 0.0073 | 0.393 | 0.185 | 4.00 |
| 蔬菜 | 0.15 | 0.008 | 0.008 | 0.83 | 0.25 | 1.20 |
| 油料 | 0.82 | 0.00548 | 0.00548 | 0.271 | 0.15 | 4.0 |
| 葵花籽 | 0.9 | 0.05 | 0.0131 | 0.385 | 0.18 | 0.60 |
| 烟叶 | 0.83 | 0.041 | 0.0144 | 0.83 | 0.2 | 1.00 |

资料来源：《吉林市社会经济统计年鉴（2011）》和部门调研。

**表 4 - 30**　　　　　　　**2010 年吉林市主要农作物秸秆还田氮量数据**　　　单位：吨

| 农作物名称 | 玉米 | 水稻 | 大豆 | 油料 | 高粱 | 葵花籽 | 蔬菜 | 烟叶 | 合计 |
|---|---|---|---|---|---|---|---|---|---|
| 还田氮量 | 1809.73 | 4359.33 | 1026.6 | 18.52 | 115.03 | 20.99 | 635.57 | 6.43 | 7992.2 |

资料来源：《吉林市社会经济统计年鉴（2011）》和部门调研。

## （四）温室气体清单

2010 年吉林市农业部门温室气体清单报告如表 4 - 31 所示，合计碳排放为 416.41 万吨，其中动物肠道发酵碳排放值最高为 203.13 万吨，农用地、稻田和动物粪便管理的碳排放依次为 162.75 万吨、50.52 万吨和 93.43 吨。

**表 4 - 31**　　　　　　　　　**农业温室气体清单**　　　　　单位：吨

| 排放源与吸收汇种类 | 二氧化碳（$CO_2$） | 甲烷（$CH_4$） | 氧化亚氮（$N_2O$） | 二氧化碳当量（$CO_2e$） |
|---|---|---|---|---|
| 农业总计 | | 120784.56 | 5250.40 | 4164101.21 |
| 1. 稻田 | | 24057.10 | | 505199.02 |
| 2. 农用地 | | | 5250.14 | 1627544.29 |
| 3. 动物肠道发酵 | | 96726.88 | | 2031264.48 |
| 4. 动物粪便管理 | | 0.58 | 0.26 | 93.43 |

注：表中空白处表示无该种类数据。

# 四、土地利用变化和林业

## （一）核算范围

吉林市是吉林省重点林区和重要的后备森林资源基地。根据调研结果，吉林地区连续 30 年无重大森林火灾，发生的地表火没有把"有林地"转化为"非林地"，"森林转化"这部分碳排放可以忽略不计。目前本清单只考虑森林和其他木质生物质生物量碳贮量变化。

## （二）核算参数

吉林市乔木林、灌木林、经济林等林业相关系数如表4-32所示。

表4-32　　　　　　　　　2010年吉林市林业相关系数

| 参数 | 类型 | 系数值 |
|---|---|---|
| 吉林市乔木林各优势树种（组）基本木材密度（SVD）平均值 | — | 0.50 |
| 吉林市乔木林各优势树种（组）生物量转换系数（BEF）平均值 | 全林 | 1.98 |
| | 地上 | 1.59 |
| 吉林市活立木蓄积量生长率（%） | — | 3.67 |
| 吉林市活立木蓄积量消耗率（%） | — | 1.91 |
| 吉林市生物量含碳率（%） | — | 0.50 |
| 经济林平均单位面积生物量（吨/公顷） | 全林 | 35.21 |
| 灌木林平均单位面积生物量（吨/公顷） | 全林 | 17.99 |

资料来源：《省级温室气体清单编制指南（试行）》和部门调研。

## （三）活动水平数据

2010年吉林市乔木林、经济林等林木活动水平数据如表4-33所示。

表4-33　　　　　　　　　2010年吉林市林业活动水平数据

| 树种（组） | 指标/单位 | 合计 |
|---|---|---|
| 乔木林 | 蓄积量（立方米） | 100602936 |
| 经济林 | 面积（公顷） | 1486 |
| 灌木林 | 面积（公顷） | 28515 |
| 散生木＋四旁树＋疏林 | 蓄积量（立方米） | 1510008 |
| 活立木（总） | 蓄积量（立方米） | 102112944 |
| 有林地造林面积 | 面积（公顷） | 4763 |

资料来源：《吉林市社会经济统计年鉴（2011）》和部门调研。

## （四）温室气体清单

2010 年吉林市土地利用变化和林业温室气体清单只包括森林和其他木质生物质储量变化的碳吸收，如表 4 – 34 所示。碳汇总量为 356.94 万吨。

表 4 – 34 　　　　土地利用变化和林业温室气体清单　　　　单位：万吨

| 排放源与吸收汇种类 | 二氧化碳（$CO_2$） | 甲烷（$CH_4$） | 氧化亚氮（$N_2O$） | 二氧化碳当量（$CO_2e$） |
|---|---|---|---|---|
| 土地利用变化与林业总计 | – 356.94 | | | – 356.94 |
| 1. 森林和其他木质生物质碳储量变化 | | | | |
| 乔木林 | – 670.12 | | | – 670.12 |
| 经济林、灌木林 | – 30.75 | | | – 30.74 |
| 疏林、散生木和四旁树 | – 10.06 | | | – 10.06 |
| 活立木消耗 | 353.99 | | | 35.40 |

注：负值代表净吸收，正值代表净排放。表中空白处表示无该种类排放数据。

## 五、废弃物处理

### （一）核算范围

2010 年吉林市有三家垃圾处理厂，分别为龙潭区生活垃圾填埋场（主要收集填埋处理龙潭区的生活垃圾，旧场已停用，新场未验收投入运行），南三道生活垃圾卫生填埋场（处理全市的生活垃圾）和双嘉环保能源利用有限公司（垃圾焚烧发电厂，处理全市的生活垃圾）。2010 年吉林市有两家大型废水处理厂，一是吉林市污水处理场，二是吉化污水处理厂。针对吉林市的城市废弃物管理方式与处理方法，主要的温室气体排放过程包括城市固体废弃物（主要指城市生活垃圾）填埋、固体废弃物焚烧以及生活污水和工业废水处理。

### （二）核算参数

2010 年吉林市废弃物部门温室气体排放参数中城市生活垃圾的组成成分见

表4－35，垃圾填埋处理缺省排放因子见表4－36，垃圾焚烧处理缺省排放因子构成要素见表4－37，生活污水处理甲烷（$CH_4$）排放因子影响因素缺省值见表4－38，工业废水处理 $CH_4$ 排放因子影响因素缺省值见表4－39，污水处理氧化亚氮（$N_2O$）排放相关系数缺省值见表4－40。

表4－35　　　　　　　　城市生活垃圾的组成成分　　　　　　单位：%

| 地区 | 有机物 | | | | | 无机物 | | | | |
|---|---|---|---|---|---|---|---|---|---|---|
| | 纸张、纸板 | 木材 | 厨余 | 塑料 | 纺织品 | 玻璃、陶器 | 金属 | 砖石 | 砂土、煤灰 | 其他 |
| 吉林市 | 3.60 | 4.50 | 23.82 | 4.05 | 2.55 | 2.49 | 1.25 | 11.16 | 43.80 | 2.78 |

资料来源：部门调研数据。

表4－36　　　　　　　　垃圾填埋处理缺省排放因子

| 影响因素 | | 数值 |
|---|---|---|
| 甲烷修正因子 | 管理 | 1 |
| | 非管理——深埋（＞5米） | 0.80 |
| | 非管理——浅埋（＜5米） | 0.40 |
| 可降解有机碳 | | 0.0756 千克碳/千克废弃物 |
| 可分解可降解有机碳（DOC）比例 | | 0.50 |
| 填埋气中比例 | | 0.50 |
| 甲烷/碳转换系数 | | 16/14 = 1.14 |
| 氧化因子 | 管理型填埋场 | 0.10 |
| | 非管理填埋场所 | 0 |

资料来源：《省级温室气体清单编制指南（试行）》（2011）。

表4－37　　　　　　　　垃圾焚烧处理缺省排放因子构成要素

| 项目 | | 缺省排放因子构成因素 | | 缺省排放因子（吨二氧化碳/吨垃圾） |
|---|---|---|---|---|
| | | 范围 | 推荐值 | |
| 城市生活垃圾 | 含碳量比例 | 33%～35%（湿） | 20% | 0.27 |
| | 矿物碳比例 | 30%～50% | 39% | |

续表

| 项目 | | 缺省排放因子构成因素 | | 缺省排放因子 |
| --- | --- | --- | --- | --- |
| | | 范围 | 推荐值 | （吨二氧化碳/吨垃圾） |
| 城市生活垃圾 | 燃烧效率 | 95%～99% | 95% | 0.27 |
| | 转换系数 | 44/12＝3.67 | | |
| 危险废弃物 | 含碳量比例 | 1%～95%（湿） | 1% | 0.03 |
| | 矿物碳比例 | 90%～100% | 90% | |
| | 燃烧效率 | 95%～99.5% | 97% | |
| | 碳/$CO_2$ 转换系数 | 44/12＝3.67 | | |
| 污泥 | 含碳量比例 | （干物质）10%～40% | 30% | 0 |
| | 矿物碳比例 | 0% | 0% | |
| | 燃烧效率 | 95% | 95% | |
| | 碳/$CO_2$ 转换系数 | 44/12＝3.67 | | |

资料来源：《省级温室气体清单编制指南（试行）》（2011）。

表4-38　　　　　生活污水处理甲烷排放因子影响因素缺省值

| 地区 | 生活污水生化需氧量/化学需氧量（BOD/COD）转换系数 | 甲烷最大生产能力（千克甲烷/千克生化需氧量） | 修正因子 |
| --- | --- | --- | --- |
| 东北 | 0.46 | 0.6 | 0.165 |

资料来源：《省级温室气体清单编制指南（试行）》（2011）。

表4-39　　　　　工业废水处理甲烷排放因子影响因素缺省值

| 行业 | 甲烷最大产生能力 BO | 甲烷修正因子 MCF |
| --- | --- | --- |
| 化学原料及化学制品制造业 | 0.25 | 0.5 |

资料来源：《省级温室气体清单编制指南（试行）》（2011）。

表4-40　　　　　污水处理氧化亚氮排放相关系数缺省值

| 项目 | 数值 |
| --- | --- |
| 蛋白质含氮量（千克氮/千克蛋白质） | 0.16 |
| 污水中非消耗蛋白质因子（%） | 1.5 |

| 项目 | 数值 |
|---|---|
| 工业和商业蛋白质排放因子（%） | 1.25 |
| 随污泥清除的氮（克） | 0 |
| 污水处理氧化亚氮排放因子（千克氧化亚氮/千克氮） | 0.005 |

资料来源：《省级温室气体清单编制指南（试行）》（2011）。

## （三）活动水平数据

2010 年吉林市废弃物处理部门城市环境卫生活动水平数据见表 4 – 41，生活污水处理活动水平数据见表 4 – 42，生活污水处理 COD 排放量活动水平数据见表 4 – 43，吉化污水处理场工业污水处理活动水平数据见表 4 – 44，废水处理氧化亚氮（N₂O）排放的活动水平数据见表 4 –45。

**表 4 – 41**　　　　　　　　**2010 年吉林市城市环境卫生数据**

| 项目 | | 数值 |
|---|---|---|
| 生活垃圾清运量（万吨） | | 36.90 |
| 生活垃圾无害化处理量（万吨） | | 29.53 |
| 甲烷回收量（立方米） | | 0 |
| 其中： | 龙潭区生活垃圾处理场（填埋）（万吨） | 6.57 |
| | 南三道垃圾场（填埋）（万吨） | 4.59 |
| | 双嘉环保能源利用有限公司（焚烧）（万吨） | 25.03 |

注：生活垃圾无害处理率小于 100%，是指有部分生活垃圾未能集中收集进行无害化处理。垃圾处理量小于垃圾清运量是因为部分生活垃圾采用填埋处理中的未分类方式处理。
资料来源：《吉林市社会经济统计年鉴（2011）》和部门调研。

**表 4 – 42**　　　　　　　　**2010 年吉林市生活污水处理数据**

| 项目 | 数值 |
|---|---|
| 生活污水排放量（万吨/日） | 28.96 万吨/日 |
| 处理方式（处理工艺） | 厌氧好氧工艺法（A/O） |

续表

| 项目 | 数值 |
|------|------|
| 生活污水处理 BOD/COD 值 | 0.56 |
| 甲烷回收量（立方米） | 0 |
| 污水处理厂处理设施（套） | 1 |
| 实际处理量（万吨） | 10572 |
| 污水处理污泥产生量（吨） | 44252 |
| 污泥处理或综合方式 | 填埋 |
| 污泥处理比率 | 全部处理 |

表 4 - 43　　　　2010 年吉林市生活污水处理 COD 排放量数据　　　单位：吨

| 类别 | 产生 | 去除 | 排放 |
|------|------|------|------|
| 污水处理厂处理 COD 排放量 | 19356 | 17996 | 1360 |
| 直排废水 COD 排放量 | 29164 | 26187 | 2977 |

资料来源：《吉林市社会经济统计年鉴（2011）》和部门调研。

表 4 - 44　　　　2010 年吉林市吉化污水处理场工业污水处理数据

| 项目 | 数值 |
|------|------|
| 生产废水排放量（万吨） | 5735.022 |
| 处理方式（处理工艺） | 厌氧好氧工艺法（A/O） |
| 污水处理厂处理设施（套） | 1 |
| 实际处理量（万吨） | 5735.022 |
| 甲烷回收量（立方米） | 0 |
| 污水处理污泥产生量（吨） | 30333 |
| 污水处理污泥处理或综合方式 | 填埋 |
| 污泥处理比率 | 全部处理 |
| 工业废水中可降解有机物的排放总量（吨 COD） | 3960.627 |

资料来源：《吉林市社会经济统计年鉴（2011）》。

**表 4 - 45**　　　**2010 年吉林市废水处理氧化亚氮排放的活动水平数据**

| 项目 | 数据及推荐值 |
|---|---|
| 吉林市 2010 年城镇人口数（人） | 2113927 |
| 每人年均蛋白质的消费量（千克/人·年） | 25.19 |

### （四）温室气体清单

2010 年吉林市废弃物处理部门温室气体清单如表 4 - 46 所示，废弃物处理部门温室气体排放总量为 23.68 万吨二氧化碳当量，其中固体废弃物为 22.28 万吨，废水为 1.41 万吨。

**表 4 - 46**　　　　　　　**废弃物处理温室气体清单**　　　　　单位：吨

| 排放源与吸收汇种类 | 二氧化碳（$CO_2$） | 甲烷（$CH_4$） | 氧化亚氮（$N_2O$） | 二氧化碳当量（$CO_2e$） |
|---|---|---|---|---|
| 废弃物处理总计 | 68068.33 | 8036.51 | 0.01 | 236839.03 |
| 1. 固体废弃物 | 68068.33 | 7366.01 | | 222754.55 |
| 固体废弃物填埋处理 | | 7366.01 | | 154686.22 |
| 废弃物焚烧处理 | 68068.33 | | | 68068.33 |
| 2. 废水 | | 670.50 | 0.01 | 14084.47 |
| 生活污水处理甲烷排放 | | 175.43 | | 3683.94 |
| 工业废水处理甲烷排放 | | 495.08 | | 10396.65 |
| 废水处理氧化亚氮排放 | | | 0.01 | 3.89 |

注：表中空白处表示无该种类排放数据。

# 第三节　结果分析

## 一、碳排放总量及构成

### （一）排放总量

吉林市 2010 年温室气体清单的内容包括二氧化碳（$CO_2$）、甲烷

（$CH_4$）、氧化亚氮（$N_2O$）、氢氟碳化物（HFCs）、全氟碳化物（PFCs）及六氟化硫（$SF_6$），涉及能源活动、工业生产过程、农业活动、土地利用变化和林业和废弃物处理五个重点排放领域。吉林市 2010 年温室气体排放总量为 4472.34 万吨二氧化碳当量，如表 4-47 所示。

表 4-47　　　　　　　2010 年吉林市温室气体排放总量　　单位：万吨二氧化碳当量

| 项目 | 二氧化碳（$CO_2$） | 甲烷（$CH_4$） | 氧化亚氮（$N_2O$） | 氢氟碳化物（HFCs） | 全氟碳化（PFCs） | 六氟化硫（$SF_6$） | 合计 |
|---|---|---|---|---|---|---|---|
| 温室气体排放总计 | 3926.31 | 357.20 | 188.75 | 0.03 | 0.01 | 0.05 | 4472.34 |
| 能源活动 | 3876.10 | 86.68 | 10.83 | | | | 3973.61 |
| 工业生产过程 | 400.34 | | 15.16 | 0.03 | 0.01 | 0.05 | 415.57 |
| 农业活动 | | 253.65 | 162.76 | | | | 416.41 |
| 土地利用变化与林业 | -356.94 | | | | | | -356.94 |
| 废弃物处理 | 6.81 | 16.88 | | | | | 23.68 |

注：表中空白处表示无该种类排放数据。

## （二）构成分析

从温室气体排放种类来看，2010 年吉林市温室气体排放以二氧化碳排放比重最大，其次为甲烷、氧化亚氮、六氟化硫、氢氟碳化物和全氟碳化。2010 年吉林市二氧化碳排放量为 3926.31 万吨，占温室气体排放总量的 87.7909%；甲烷排放量为 357.20 万吨二氧化碳当量，占温室气体排放总量的 7.9870%；氧化亚氮排放量为 188.75 万吨二氧化碳当量，占温室气体排放总量的 4.2204%；含氟气体排放量为 0.09 万吨二氧化碳当量，占温室气体排放总量的 0.0018%，如表 4-48 所示。

表 4-48　　　　　　　2010 年吉林市温室气体排放构成

| 温室气体 | 二氧化碳当量（万吨） | 比重（%） |
|---|---|---|
| 二氧化碳（$CO_2$） | 3926.31 | 87.7909 |
| 甲烷（$CH_4$） | 357.20 | 7.9870 |

续表

| 温室气体 | 二氧化碳当量（万吨） | 比重（%） |
|---|---|---|
| 氧化亚氮（$N_2O$） | 188.75 | 4.2204 |
| 氢氟碳化物（HFCs） | 0.03 | 0.0006 |
| 全氟化碳（$PFC_s$） | 0.01 | 0.0002 |
| 六氟化硫（$SF_6$） | 0.05 | 0.0010 |
| 合计 | 4472.34 | 100 |

## （三）关键指标

2010 年吉林市国内生产总值为 1800.64 亿元，常住人口 434 万人（年底），单位 GDP 二氧化碳排放为 2.48 吨/万元，人均温室气体排放为 10.30 吨二氧化碳当量/人，如表 4-49 所示。

**表 4-49**　　　　　　　　　　**关键性温室气体指标**

| 关键指标 | 2010 年吉林市指标值 | 2010 年吉林省指标值 |
|---|---|---|
| 单位 GDP 二氧化碳排放（吨二氧化碳/万元） | 2.48 | 2.19 |
| 人均温室气体排放（吨二氧化碳当量/人） | 10.30 | 8.41 |

## （四）温室气体清单汇总表

吉林市 2010 年温室气体排放汇总如表 4-50 所示。能源活动的排放量最高，其中能源活动部门化石燃料燃烧活动的排放最大，达到 3876 万吨；工业生产过程排放主要来源于水泥、石灰、钢铁生产过程中的二氧化碳排放、硝酸生产过程中的氧化亚氮排放，以及半导体生产过程中的含氟排放；农业的排放主要来自稻田甲烷排放、农用地的氧化亚氮排放和动物肠道发酵的甲烷排放、畜禽粪便管理甲烷和氧化亚氮排放；林业碳汇主要是乔木林、经济林、疏林散生木和四旁树两类，碳排放主要是活立木消耗碳排放；废弃物部门的排放主要是垃圾填埋的甲烷排放、焚烧处理二氧化碳排放及污水处理的甲烷及氧化亚氮排放。

表 4－50

## 2010 年吉林市温室气体清单汇总

单位：吨

| 排放源与吸收汇种类 | 直接排放 | | | | | | 间接排放 | 总计 |
| --- | --- | --- | --- | --- | --- | --- | --- | --- |
| | 二氧化碳（CO$_2$） | 甲烷（CH$_4$） | 氧化亚氮（N$_2$O） | 全氟碳化物（HFCs） | 全氟化碳（PFCs） | 六氟化硫（SF$_6$） | 二氧化碳（CO$_2$） | 二氧化碳当量（CO$_2$e） |
| 总排放量 | 215223363.21 | 156257.56 | 6088.63 | 0.01 | 0.04 | 0.02 | 17238622.99 | 44723403.05 |
| 能源活动总计 | 215223363.21 | 41276.55 | 349.30 | 0.00 | 0.00 | 0.00 | 17238622.99 | 39736075.56 |
| 1. 化石燃料燃烧 | 215223363.21 | 0.00 | 0.00 | 0.00 | 0.00 | 0.00 | 17238622.99 | 38760986.20 |
| 工业 | 13511124.40 | | | | | | 12305007.32 | 25816131.72 |
| 交通 | 1933612.39 | | | | | | 254417.78 | 2188030.17 |
| 建筑 | 5121684.54 | | | | | | 4596213.09 | 9717897.62 |
| 农业 | 955941.88 | | | | | | 82984.80 | 1038926.68 |
| 2. 生物质燃烧 | | 13647.09 | 349.30 | | | | | 445267.46 |
| 3. 煤炭开采逃逸 | | 27487.15 | | | | | | 577230.20 |
| 4. 油气系统逃逸 | | 142.31 | | | | | | 2988.51 |
| 工业过程总计 | 3235693.40 | | | | | | | 4155742.86 |
| 1. 水泥生产过程 | 3235693.40 | | | | | | | 3235693.40 |
| 2. 石灰生产过程 | 310082.00 | | | | | | | 310082.00 |
| 3. 钢铁生产过程 | 457599.07 | | | | | | | 457599.07 |
| 4. 硝酸生产过程 | | | 488.92 | | | | | 151565.20 |
| 5. 半导体生产过程 | | | | 0.01 | 0.04 | 0.02 | | 803.20 |
| 农业总计 | | 120784.56 | 5250.40 | | | | | 4164101.21 |

续表

| 排放源与吸收汇种类 | 直接排放 | | | | | | 间接排放 | 总计 |
| --- | --- | --- | --- | --- | --- | --- | --- | --- |
| | 二氧化碳（CO$_2$） | 甲烷（CH$_4$） | 氧化亚氮（N$_2$O） | 全氟碳化物（HFCs） | 全氟化碳（PFCs） | 六氟化硫（SF$_6$） | 二氧化碳（CO$_2$） | 二氧化碳当量（CO$_2$e） |
| 1. 稻田 | | 24057.10 | | | | | | 505199.00 |
| 2. 农用地 | | | 5250.14 | | | | | 1627544.00 |
| 3. 动物肠道发酵 | | 96726.88 | | | | | | 2031264.00 |
| 4. 动物粪便管理系统 | | 0.58 | 0.26 | | | | | 93.43 |
| 土地利用变化与林业总计 | -3569356.00 | | | | | | | -3569356.00 |
| 1. 森林和其他木质生物质碳储量变化 | | | | | | | | |
| 乔木林 | -6701212.00 | | | | | | | -6701212.00 |
| 经济林、灌木林 | -307459.60 | | | | | | | -307459.60 |
| 疏林、散生木和四旁树 | -100582.39 | | | | | | | -100582.39 |
| 活立木消耗 | 3539898.37 | | | | | | | 3539898.37 |
| 废弃物处理总计 | 68068.33 | 8036.51 | 0.01 | | | | | 236839.03 |
| 1. 固体废弃物 | 68068.33 | 7366.01 | | | | | | 222754.55 |
| 固体废弃物填埋处理 | | 7366.01 | | | | | | 154686.22 |
| 废弃物焚烧处理 | 68068.33 | | | | | | | 68068.33 |
| 2. 废水 | | 670.50 | 0.01 | | | | | 14084.47 |
| 生活污水处理甲烷排放 | | 175.43 | | | | | | 3683.94 |

续表

| 排放源与吸收汇种类 | 直接排放 | | | | | | 间接排放 | 总计 |
|---|---|---|---|---|---|---|---|---|
| | 二氧化碳（CO$_2$） | 甲烷（CH$_4$） | 氧化亚氮（N$_2$O） | 全氟碳化物（HFCs） | 全氟化碳（PFCs） | 六氟化硫（SF$_6$） | 二氧化碳（CO$_2$） | 二氧化碳当量（CO$_2$e） |
| 工业废水处理甲烷排放 | | 495.08 | | | | | | 10396.65 |
| 废水处理氧化亚氮排放 | | | 0.01 | | | | | 3.89 |
| 国际燃料舱总计 | | | | | | | | |
| 1. 国际航空 | | | | | | | | |
| 2. 国际航海 | | | | | | | | |

注：空白处表示无该种类数据。

## 二、不同的温室气体种类排放

### (一) 二氧化碳排放

2010 年吉林市二氧化碳（$CO_2$）排放总量为 4283.24 万吨（不包括土地利用变化和林业），其中来自能源活动、工业生产过程、废弃物处理排放量分别为 3876.10 万吨、400.34 万吨和 6.81 万吨。能源活动二氧化碳排放所占比重最高达 90.49%，工业生产过程和废弃物处理二氧化碳排放所占比重相对较小，分别为 9.35% 和 0.16%，如表 4 – 51 所示。

表 4 – 51　　　　　　2010 年吉林市二氧化碳（$CO_2$）排放情况

| 项目 | 排放量（万吨） | 构成（%） |
| --- | --- | --- |
| 温室气体排放总计 | 4283.24 | 100.00 |
| 能源活动 | 3876.10 | 90.49 |
| 工业生产过程 | 400.34 | 9.35 |
| 废弃物处理 | 6.81 | 0.16 |

### (二) 甲烷排放

吉林市 2010 年甲烷（$CH_4$）排放总量为 17.01 万吨，来源于能源活动、农业活动和废弃物处理（工业生产过程、土地利用变化和林业不产生甲烷排放），排放量分别为 4.13 万吨、12.08 万吨和 0.80 万吨。农业活动的甲烷排放占甲烷排放总量的比例较大为 71.01%%，能源活动和废弃物处理的甲烷排放所占比例分别为 24.27% 和 4.72%，如表 4 – 52 所示。

表 4 – 52　　　　　　2010 年吉林市甲烷（$CH_4$）排放情况

| 项目 | 排放量（万吨） | 构成（%） |
| --- | --- | --- |
| 总排放量 | 17.01 | 100.00 |
| 能源活动总计 | 4.13 | 24.27 |

续表

| 项目 | 排放量（万吨） | 构成（%） |
|---|---|---|
| 农业总计 | 12.08 | 71.01 |
| 废弃物处理总计 | 0.80 | 4.7 |

## （三）氧化亚氮排放

吉林市 2010 年氧化亚氮排放总量为 6088.63 吨，来源于农业活动、能源活动、工业生产过程和废弃物处理（土地利用变化和林业不产生氧化亚氮排放），排放量分别为 5250.40 吨、349.30 吨、488.92 吨和 0.01 吨。农业活动的氧化亚氮排放最多，占氧化亚氮排放总量的 86.23%，其次为工业生产过程和能源活动，分别占氧化亚氮排放总量的 8.03% 和 5.74%，如表 4－53 所示。

表 4－53                2010 年吉林市氧化亚氮（$N_2O$）排放情况

| 排放源与吸收汇种类 | 排放量（吨） | 构成（%） |
|---|---|---|
| 总排放量 | 6088.63 | 100.00 |
| 能源活动总计 | 349.30 | 5.74 |
| 工业过程总计 | 488.92 | 8.03 |
| 农业总计 | 5250.40 | 86.23 |
| 废弃物处理总计 | 0.01 | 0.00 |

## （四）含氟气体排放

2010 年吉林市仅工业生产过程中存在含氟气体的排放，共折合 803.2 吨二氧化碳当量。其中，四氟化碳（$CF_4$）用量、三氟甲烷（$CHF_3$）用量、六氟化硫（$SF_6$）用量排放构成分别为 32.78%、9.16%、58.05%，如表 4－54 所示。

表4-54　　　2010年半导体生产过程活动水平数据及温室气体排放量

| 项目 | 四氟化碳（CF$_4$）用量 | 三氟甲烷（CHF$_3$）用量 | 六氟化硫（SF$_6$）用量 |
|---|---|---|---|
| 消耗量（千克） | 93 | 30 | 100 |
| 排放量（千克） | 40.51 | 6.29 | 19.51 |
| 二氧化碳当量（吨） | 263.32 | 73.59 | 466.29 |
| 构成（%） | 32.78 | 9.16 | 58.05 |

## 三、电力调入调出二氧化碳间接排放量核算

利用吉林市内电力调入或调出电量，乘以该调入或调出电量所属区域电网平均供电排放因子，由此得到吉林市由于电力调入或调出所带来的间接二氧化碳排放，结果如表4-55所示。

表4-55　　　　　　2010年吉林市调入调出电量排放量数据

| 类别 | 电量（亿千瓦时） | 二氧化碳（万吨） |
|---|---|---|
| 调出量（-） | 16.9 | 115.11 |

电力消耗过程中排放的温室气体为二氧化碳，根据2010年吉林省电力供电二氧化碳排放因子为0.6787千克二氧化碳每千瓦时（kg CO$_2$/kWh）（国家气候战略中心，2013）计算得到，吉林市2010年电力调出间接排放二氧化碳总量为115.11万吨。根据电力调入调出碳排放核算结果得出吉林市范围2温室气体排放，见表4-56。

表4-56　　　　　　2010年吉林市温室气体排放基本情况　　　　单位：万吨 CO$_2$e

| 项目 | 范围1 | 范围2 | 范围1+范围2 |
|---|---|---|---|
| 温室气体总排放量 | 4472.34 | -115.11 | 4357.23 |

## 四、信息项

国际（国内）燃料舱：注册地非本市的始于或结束于市内的跨边界的航空、航海的交通工具活动水平数据难以获得或者难以界定边界，未进行核算。

# 第五章

# 城市温室气体清单不确定性
# 量化分析应用

随着气候变化问题日益受到重视，对于减少清单不确定性问题的政策措施也越来越受到关注。不确定性分析对于温室气体排放的总量分配、减排措施效果比较验证、在不同水平层次上制定低碳发展规划、制定未来排放情景的路径分析至关重要。温室气体减排效果需要有效核实验证，简单地处理或忽略不确定性，将降低碳排放结果的科学可信性，不利于碳减排目标的有效实现。本章采用误差传递方法和蒙特卡洛模拟两种方法对2010年吉林省吉林市温室气体清单不确定性合并结果进行分析和比较。土地利用变化和林业活动产生的碳排放源和吸收汇与能源活动、工业过程等部门产生的碳排放的过程和机理有显著的差异，温室气体核算结果不确定性水平高。因此本章重点分析不包括土地利用变化与林业排放的情况下的温室气体排放不确定性。

# 第一节　不确定性参数数据来源

活动水平数据中来自统计年鉴的数据不确定性取5%，来自部门调研的数据不确定性取10%，来自专家估算的数据不确定性取15%。活动水平数据和排放因子的不确定性参数值确定主要参考《IPCC国家温室气体清单优良作法指南和不确定性管理》（IPCC，2000）和《低碳发展及省级温室气体清单培训教材》（国家应对气候变化战略研究和国际合作中心，2013），以及行业专家咨询及相关文情况献调研数据等。不确定性参数的概率分布主要来自相关文献调研（Winiwarter and Rypdal，2001；Monni et al.，2004；Ramirez et al.，2008）。

通常情况下不确定性小于±60%认为是正态分布，如能源活动部门中的化石燃料燃烧部分。在高水平不确定性的情况下，分布可以是对数正态分布、伽玛分布或者三角分布等。对数正态分布是指以对数为正态分布的任意随机变量的概率分布，如能源活动部门中生物质燃烧部分。伽马分布是指多个独立且相同分布的指数分布变量和的分布。三角分布适用于随机变量可能的结果及取值区间已知但概率分布未知的情况，如农业活动中的农用地排放部分，具体如表5-1所示。

表 5-1　　　　　　　　排放关键参数不确定度及概率分布

| 活动部门 | 相关参数 | 不确定度 | 概率分布 |
|---|---|---|---|
| 能源活动 | 1. 化石燃料燃烧 | | |
| | 固体燃料 | 0.07 | 正态分布 |
| | 液体燃料 | 0.05 | 正态分布 |
| | 气体燃料 | 0.05 | 正态分布 |

| 活动部门 | 相关参数 | 不确定度 | 概率分布 |
|---|---|---|---|
| 能源活动 | 2. 生物质燃烧 | | |
| | 秸秆燃烧甲烷排放 | 2 | 对数正态分布 |
| | 秸秆燃烧氧化亚氮排放 | 2.75 | 对数正态分布 |
| | 薪柴燃烧甲烷排放 | 2 | 对数正态分布 |
| | 薪柴燃烧氧化亚氮排放 | 2.75 | 对数正态分布 |
| | 3. 煤炭开采逃逸 | | |
| | 地方国有 | 0.6002 | 对数正态分布 |
| | 乡镇（含个体） | 0.7501 | 对数正态分布 |
| | 4. 油气系统逃逸 | | |
| | 天然气系统 | 0.08 | 正态分布 |
| 工业生产过程 | 1. 水泥生产过程 | 0.02 | 正态分布 |
| | 2. 石灰生产过程 | 0.142 | 正态分布 |
| | 3. 钢铁生产过程 | | |
| | 石灰石消耗 | 0.225 | 正态分布 |
| | 白云石消耗 | 0.225 | 正态分布 |
| | 生铁含碳量 | 0.05 | 正态分布 |
| | 粗钢含碳量 | 0.05 | 正态分布 |
| | 4. 硝酸生产过程 | | |
| | 常压法 | 0.1 | 正态分布 |
| | 5. 半导体生产过程 | | |
| | 四氟化碳使用 | 0.02 | 正态分布 |
| | 三氟甲烷使用 | 0.012 | 正态分布 |
| | 六氟化硫使用 | 0.01 | 正态分布 |
| 农业活动 | 1. 稻田排放 | 0.35 | 正态分布 |
| | 2. 农用地 | 最大值～最小值 | |
| | 直接排放 | 0.0258～0.0021 | 三角分布 |
| | 间接排放 | 0.01～0.002 | 三角分布 |
| | 3. 动物肠道发酵 | 0.3 | 正态分布 |

续表

| 活动部门 | 相关参数 | 不确定度 | 概率分布 |
|---|---|---|---|
| 农业活动 | 4. 动物粪便管理系统 | | |
| | 甲烷排放 | 0.3 | 正态分布 |
| | 氧化亚氮排放 | 0.3 | 正态分布 |
| 土地利用变化与林业 | 森林和其他木质生物质碳储量变化 | | |
| | 本省区活立木蓄积量年生长率 | 0.1251 | 正态分布 |
| | 本省区乔木林 BEF 加权平均值 | 0.106 | 正态分布 |
| | 经济林（或灌木林）平均单位面积生物量 | 0.1251 | 正态分布 |
| | 本省区乔木林 SVD 加权平均值 | 0.106 | 正态分布 |
| | 活立木消耗率 | 0.1251 | 正态分布 |
| 废弃物处理 | 1. 固体废弃物 | | |
| | 固体废弃物填埋处理 | | |
| | DOC 指可降解有机碳 | 0.2 | 正态分布 |
| | DOCF 指可分解的 DOC 比例 | 0.2 | 正态分布 |
| | F 指垃圾填埋气体中的甲烷比例 | 0.05 | 正态分布 |
| | 废弃物焚烧处理 | | |
| | 废弃物中的碳含量比例 | 0.13 | 正态分布 |
| | 废弃物中的矿物碳在碳总量中比例 | 0.1 | 正态分布 |
| | 废弃物中焚烧炉的燃烧效率 | 0.05 | 正态分布 |
| | 2. 生活废水处理甲烷排放 | | |
| | 甲烷修正因子 | 0.05 | 正态分布 |
| | 排放因子 | 0.05 | 正态分布 |
| | 甲烷最大产生能力 | 0.3 | 正态分布 |
| | 3. 工业废水处理甲烷排放 | | |
| | 甲烷最大产生能力 | 0.3 | 正态分布 |
| | 甲烷修正因子 | 0.15 | 正态分布 |
| | 4. 废水处理氧化亚氮排放 | | |
| | 蛋白质含氮量 | 0.3 | 正态分布 |

资料来源：作者根据文献整理。

# 第二节　误差传递方法

定义明确、容易描述特性的不确定性来源可以通过估算潜在误差范围来表示。在数据完整、科学的完美情况下，不同排放源的不确定性范围可以通过监测获得。现实中不可能对所有排放源进行监测，一般情况下都是选取一定范围的有代表性的排放源，对该排放源的不确定性范围进行测量或专家估计。首先计算单个典型排放源的不同温室气体种类和部门不确定性，然后将其合并，最后逐级向上合并得到不同层级总的不确定性范围。对不同来源不确定性范围进行合并之前首先需要计算单个排放源指标的不确定性。单个排放源指标的不确定性核算首先需要选择置信区间，通常选取统计学上常用的置信区间95%。95%置信区间表示包括样本统计量的某个总体参数的区间估计范围，表示被观测的参数的测量值出现在测量结果范围内的概率，表示被测参数的真实可信程度。然后计算排放源样本的均值、标准差，最后根据样本分布确定误差范围相关区间。

根据误差传递方法合并清单不确定性主要应用加减运算和乘除运算两个误差传递公式：

（1）当某一估计值为 $n$ 个估计值之和或差，不确定量由加法或减法公式合并时，总和的不确定性即标准偏差为各个相加量的标准偏差的平方之和的平方根，其中标准偏差均以绝对值表示。

$$U_c = \frac{\sqrt{(U_{s1} \cdot \mu_{s1})^2 + (U_{s2} \cdot \mu_{s2})^2 + \cdots + (U_{sn} \cdot \mu_{sn})^2}}{|\mu_{s1} + \mu_{s2} + \cdots + \mu_{sn}|} \tag{5.1}$$

其中，$U_c$，$U_{si}$ 为不同估计值的不确定性，$\mu_{si}$ 为 $n$ 个相加减的估计值。

（2）当某一估计值为 $n$ 个估计值之积，不确定量由乘法公式合并时，总和的不确定性即标准偏差是相加量的标准偏差的平方之和的平方根，其中标准偏差均以变量系数（即标准偏差和合适的均值的比率）表示。

$$U_c = \sqrt{U_{s1}^2 + U_{s2}^2 + \cdots + U_{sn}^2} \tag{5.2}$$

其中，$U_c$，$U_{si}$ 为不同估计值的不确定性。

　　不同部门的排放量均存在一定不确定性，根据误差传递方法核算清单不确定性分部门及总体不确定性分析结果见表 5 – 2。总体来看，不包括土地利用变化与林业排放的情况下，误差传递方法的不确定性分析结果为 11.21%。

| 表 5 – 2 | 误差传递方法不确定性分析结果 | | 单位：% |
|---|---|---|---|
| 项目 | 包括土地利用变化与林业 | | 不包括土地利用变化与林业 |
| | 不确定性 | 引入总排放的不确定性 | 引入总排放的不确定性 |
| 能源活动 | 13.01 | 10.04 | 10.76 |
| 工业生产过程 | 4.63 | 0.36 | 0.39 |
| 农业活动 | 37.86 | 2.92 | 3.13 |
| 土地利用变化与林业 | 11.67 | 0.78 | |
| 废弃物处理 | 19.18 | 0.12 | 0.13 |
| 合计值 | | 10.49 | 11.21 |

注：表中空白处表示无该种类排放数据。

误差传递方法分部门分析：

## 一、能源活动

　　能源活动化石燃料燃烧的不确定性主要来自 4 个方面，活动水平的不确定性、矿物燃料热值的不确定性、燃料单位热值含碳量的不确定性和碳氧化率的不确定性。

　　化石燃料活动水平主要来自官方的统计资料。生物质活动水平数据、煤炭开采数据中地方国有煤矿产量、乡镇（含个体）煤矿根据《吉林市社会经济统计年鉴（2011）》和部门调研数据推算。工业部门、交通、建筑和农业四大领域化石燃料燃烧活动水平数据根据《中国城镇温室气体清单编制指南》中能源部门化石燃料燃烧活动统计数据进行整合的方法整理得出。由于跨界交通的碳排放很难界定，国际上对这部分碳排放的归属定义也各不相同，本核算中根据本地燃油消费量进行计算，一定程度上会造成核算结果存在偏差。吉林市天然气输送增压站、计量站和管线数据缺乏，仅考虑天然气消费排放。

化石燃料热值中烟煤和褐煤的热值来源于吉林市热电厂文献调查数据，其余主要参考《2006 年 IPCC 清单指南》（IPCC，2006）、《省级温室气体清单编制指南（试行）》（省级温室气体清单编制指南编写组，2011）、《中国温室气体清单研究》（国家气候变化对策协调小组办公室、国家发展和改革委员会能源研究所，2007），其不确定性因燃料种类而有所差异。吉林市用于终端消费电力的排放因子根据文献推算。燃料单位热值含碳量及碳氧化率同样参考各指南，其不确定性与燃料种类及燃烧设备均有较大关系，不能反映吉林市当地的实际情况，计算结果与真实值存在偏差。

化石燃料燃烧活动水平数据主要来自官方的统计资料，不确定性为 5%。潜在排放因子和碳氧化率不确定性采用国家推荐值，固体、液体和气体不确定性值见表 5 – 3。

表 5 – 3 　　　　　　　　　化石燃料燃烧排放因子不确定性　　　　　　单位：%

| 项目 | 潜在排放因子 | 碳氧化率 |
|---|---|---|
| 固体燃料 | 6 ~ 8 | 2 ~ 8 * |
| 液体燃料 | 5 | 2 |
| 气体燃料 | 5 | 1 |

注：* 发电锅炉、水泥窑 2%，其他 6% ~ 8%。

综合固体燃料、液体燃料和气体燃料的活动水平、潜在排放因子、碳氧化率不确定性范围，确定固体燃料、液体燃料和气体燃料燃烧排放量不确定范围分别为 17%、12%、11%，最终确定化石能源燃烧排放量不确定范围为 13.3%。

经核算，生物质燃料燃烧不确定性见表 5 – 4，不确定性合计为 89.53%。煤炭开采不确定性见表 5 – 5，不确定性合计为 46.84%。石油和天然气系统逃逸排放不确定性见表 5 – 6，不确定性合计为 11.03%。能源活动部门的温室气体排放不确定性见表 5 – 7，不确定性合计为 13.01%。

表5-4 生物质燃料燃烧不确定性

| 排放源 | | 甲烷排放量（万吨） | 排放因子不确定性（%） | 活动水平不确定性（%） | 综合不确定性（%） | 加入总排量百分比的综合不确定性（%） |
|---|---|---|---|---|---|---|
| | | $A$ | $B$ | $C$ | $D = \sqrt{B^2 + C^2}$ | $E = D \times A / \sum A$ |
| 省柴灶 | 秸秆 | 1.19 | 100 | 20 | 101.98 | 88.88 |
| | 薪柴 | 0.18 | 82.8 | 15 | 84.15 | 10.81 |
| 合计 | | 1.36 | | | | 和的不确定性89.53 |

表5-5 煤炭开采不确定性

| 项目 | 甲烷排放量（万吨） | 活动水平不确定性（%） | 排放因子不确定性（%） | 综合不确定性（%） | 加入总排放百分比的综合不确定性（%） |
|---|---|---|---|---|---|
| | $A$ | $B$ | $C$ | $D = \sqrt{B^2 + C^2}$ | $E = D \times A / \sum A$ |
| 地方煤矿 | 1.69 | 1.5 | 60 | 60.02 | 36.85 |
| 乡镇煤矿 | 1.06 | 1.5 | 75 | 75.01 | 28.92 |
| 合计 | 2.75 | | | | 和的不确定性=46.84 |

表5-6 石油和天然气系统逃逸排放不确定性

| 项目 | 甲烷排放量（吨） | 活动水平不确定性（%） | 排放因子不确定性（%） | 综合不确定性（%） | 加入总排放百分比的综合不确定性（%） |
|---|---|---|---|---|---|
| 活动环节 | $A$ | $B$ | $C$ | $D = \sqrt{B^2 + C^2}$ | $E = D \times A / \sum A$ |
| 天然气消费 | 142.31 | 7.6 | 8 | 11.03 | 11.03 |

表5-7 能源活动部门的温室气体排放不确定性

| 项目 | 温室气体 | 二氧化碳当量（万吨） | 综合不确定性（%） | 引入能源活动总排放的不确定性（%） |
|---|---|---|---|---|
| 化石燃料燃烧 | 二氧化碳（$CO_2$） | 3876.10 | 13.30 | 12.97 |
| 生物质燃烧 | 甲烷（$CH_4$） | 28.66 | 88.88 | 0.64 |
| 生物质燃烧 | 氧化亚氮（$N_2O$） | 10.83 | 10.81 | 0.03 |

| 项目 | 温室气体 | 二氧化碳当量（万吨） | 综合不确定性（%） | 引入能源活动总排放的不确定性（%） |
|---|---|---|---|---|
| 煤炭开采 | 甲烷（CH₄） | 57.72 | 46.84 | 0.68 |
| 油气系统 | 甲烷（CH₄） | 0.30 | 11.03 | 0.00 |
| 合计 | | 3973.61 | | 13.01 |

## 二、工业生产过程

工业生产过程不确定性来源包括排放因子参数与活动水平数据的不确定性。

活动水平数据中水泥产量及熟料产量来源于《磐石市年鉴（2011）》，其他工业产品相关数据来源于调研数据。其中水泥、钢铁、硝酸、半导体行业企业本身的不确定性是由于主要数据选取的是规模以上企业，规模以下的中小型企业可能产生零散的排放；作为工艺过程排放的钢铁产量碳含量的变化性，计算出钢铁生产的固碳产品排放具有不确定性；石灰生产涉及建材、冶金、化工等各类，行业间存在石灰产品质量要求的差异，每类石灰生产过程相应的排放因子不同，石灰主要由乡镇企业生产、规模小，因此石灰生产情况在时间、空间和产量上都存在不稳定性，客观上难以对其进行统计和系统管理，导致活动水平数据更加难以准确确定。工业生产过程温室气体排放不确定性核算结果见表5-8，引入工业生产活动总排放的不确定性为4.63%。

表5-8　　　　　　　　工业生产过程温室气体排放不确定性

| 序号 | 排放源 | 二氧化碳当量（万吨） | 活动水平数据不确定性（%） | 排放因子不确定性（%） | 各排放源排放量不确定性（%） | 引入工业生产活动总排放的不确定性（%） |
|---|---|---|---|---|---|---|
| 1 | 水泥 | 323.57 | 5.00 | 2 | 5.39 | 4.20 |
| 2 | 石灰 | 31.01 | 15.00 | 14.2 | 20.66 | 1.54 |

续表

| 序号 | 排放源 | 二氧化碳当量（万吨） | 活动水平数据不确定性（%） | | 排放因子不确定性（%） | 各排放源排放量不确定性（%） | 引入工业生产活动总排放的不确定性（%） |
|---|---|---|---|---|---|---|---|
| 3 | 钢铁 | 45.76 | 石灰石 | 5.00 | 22.5 | 10.51 | 1.16 |
| | | | 白云石 | 5.00 | 22.5 | | |
| | | | 炼钢用生铁 | 5.00 | 5 | | |
| | | | 粗钢 | 2.00 | 5 | | |
| 4 | 硝酸 | 15.16 | 常压法 | 1.00 | 10 | 10.05 | 0.37 |
| 5 | 半导体 | 0.08 | 四氟化碳（CF$_4$） | 1.00 | 2.00 | 2.24 | 0.00 |
| | | | 三氟甲烷（CHF$_3$） | 1.00 | 1.20 | 1.56 | |
| | | | 六氟化硫（SF$_6$） | 1.00 | 1.00 | 1.41 | |
| 合计 | | 415.57 | | | | | 4.63 |

## 三、农业

农业温室气体排放清单编制存在的不确定性主要集中在以下几个方面：对于稻田甲烷和氧化亚氮排放的估算，存在不确定性的原因主要是由于缺乏实际观测资料，采用了东北地区特定的排放因子。稻田及其他农作物播种面积和产量、化肥施用量来自《吉林市社会经济统计年鉴（2011）》。农用地化肥氮投入量、还田氮量、主要农作物参数及还田比例、主要农作物秸秆还田氮量根据省级数据估算。吉林市存在特定的动物排放源主体鹿。计算吉林市 2010 年温室清单不确定性如表 5-9 所示，引入农业总排放的不确定性为 37.86%。

表 5-9　　　　　　　　　　农业温室气体清单不确定性

| 排放源 | 二氧化碳当量（万吨） | 活动水平数据不确定性（%） | 排放因子不确定性（%） | 不确定性（%） | 引入农业总排放的不确定性（%） |
|---|---|---|---|---|---|
| 单季稻田甲烷 | 50.52 | 8.00 | 35.00 | 35.90 | 4.36 |
| 农用地氧化亚氮 | 162.75 | * | 30.00 | 87.76 | 34.30 |

续表

| 排放源 | 二氧化碳当量（万吨） | 活动水平数据不确定性（%） | 排放因子不确定性（%） | 不确定性（%） | 引入农业总排放的不确定性（%） |
|---|---|---|---|---|---|
| 动物肠道发酵甲烷 | 203.13 | 10.00 | 30.00 | 31.62 | 15.43 |
| 动物粪便管理甲烷 | 0.00 | 10.00 | 30.00 | 31.62 | 0.00 |
| 动物粪便管理氧化亚氮 | 0.01 | 10.00 | 30.00 | 31.62 | 0.00 |
| 总体不确定性 | 416.41 | | | | 37.86 |

注：＊农用地氧化亚氮排放农作物参数的不确定性采用10%，玉米、大豆、水稻秸秆还田率的不确定性采用20%，其他作物秸秆还田率的不确定性采用50%，主要畜禽年排泄氮量不确定性采用10%，放牧非奶牛、绵羊、山羊排泄氮量不确定性采用20%。直接排放、大气氮沉降、淋溶径流引起的排放的活动水平不确定性采用8%。氨挥发的不确定性采用15%，淋溶径流引起的不确定性采用20%。复合肥参数的不确定性采用10%。

## 四、土地利用和变化

吉林市2010年土地利用和变化清单采用的面积和蓄积等基本数据均来自统计年鉴和调研数据推算，没有森林资源清查资料。经济林面积变化数据缺乏，采用统计年鉴有林地面积变化数据估算会有一定误差。很多排放因子和相关参数均采用的是调研数据或研究数据，可以在一定程度上体现吉林市森林在生物量、木材密度等方面的实际情况。另外根据调研结果，吉林市连续30年无重大森林火灾，发生的地表火没有把"有林地"转化为"非林地"，因此"森林转化"这部分碳排放没有计算。数据来源的不确定性直接决定了清单结果的不确定性。

计算吉林市2010年土地利用变化和林业温室气体排放清单不确定性：

（1）各树种树干材积密度：15个优势树种（组）共1125个样本的平均值每立方米0.5077吨生物量，按95%置信度计算，不确定性为12.51%。

（2）全林生物量转换系数：20个优势树种（组）共720个样本的平均值为2.06，不确定为10.60%。

乔木林和散生木、四旁树、疏林的生物量生长吸收碳的不确定性和活立木消耗引起碳排放的不确定性由各树种树干材积密度、全林生物量转换系数以及森林转化碳排放的不确定性共同决定为11.67%，如表5-10所示。

表 5 – 10 土地利用和变化温室气体清单不确定性

| 森林和其他木质生物质碳贮量的不确定性 | 二氧化碳当量绝对值（万吨） | 各树种树干材积密度不确定性（%） | 全林生物量转换系数不确定性（%） | 不确定性（%） | 引入土地利用和变化总排放的不确定性（%） |
|---|---|---|---|---|---|
| 乔木林 | 670.12 | 12.51 | 10.60 | 16.39 | 10.31 |
| 经济林、灌木林 | 30.75 | 12.51 | 10.60 | 16.39 | 0.47 |
| 疏林、散生木和四旁树 | 10.06 | 12.51 | 10.60 | 16.39 | 0.15 |
| 活立木消耗 | 353.99 | | | 16.39 | 5.45 |
| 合计 | 1064.92 | | | | 11.67 |

## 五、废弃物处理

清单采用的估算方法中是基于填埋到垃圾处理场的固体废弃物是相对不变的常量，而且废弃物甲烷的释放是在垃圾填埋的当年这一假设。然而，如果填埋到垃圾处理场的固体垃圾随时间增加，会导致甲烷排放量的高估，这是垃圾填埋方法不确定性增加的主要原因。其他不确定性来源包括在计算公式中各因子的不确定性，如与数据不确定性有关的排放因子、垃圾的数量和成分、垃圾填埋场的管理方式的确定及其所占比例和生活污水及工业废水处理产生甲烷所采用的化学需氧量等。

活动水平数据主要来自部门调研数据及《吉林市社会经济统计年鉴（2011）》。其中垃圾焚烧处理没有包括危险废弃物部分，工业污水处理包括的是吉化污水处理厂数据，没有包括另外一家污水处理厂吉林市污水处理场数据。垃圾成分统计数据通过吉林省内调查获取的可行性研究报告中的数据及参考文献中的数据对城市的垃圾组分计算得出，数据可能会存在一定偏差，具有一定的不确定性。计算吉林市 2010 年废弃物处理温室清单不确定性（见表 5 – 11），废弃物处理部门碳排放核算结果总的不确定性为 19.18%。

表 5 –11 废弃物处理不确定性

| 排放源与吸收汇种类 | 二氧化碳当量（万吨） | 不确定性（%） | 引入总排放的不确定性（%） |
|---|---|---|---|
| 固体废弃物卫生填埋处理 | 14.06 | 30.82 | 18.31 |
| 固体废弃物未分类填埋处理 | 1.40 | 43.01 | 2.55 |
| 废弃物焚烧处理 | 6.81 | 17.10 | 4.92 |
| 生活污水处理甲烷排放 | 0.37 | 31.60 | 0.49 |
| 工业废水处理甲烷排放 | 1.04 | 30.00 | 1.32 |
| 废水处理氧化亚氮排放 | 0.00 | 28.70 | 0.00 |
| 合计 | 23.68 | | 19.18 |

# 第三节　蒙特卡洛模拟方法

蒙特卡洛模拟方法合并清单不确定性的主要计算原理和步骤为：

（1）确定不同部门活动水平、排放因子和其他估算参数的概率分布。

（2）根据清单计算方法计算各类别相应的排放值。

（3）重复模拟获得不同类别或整个清单排放量的概率分布，从而获得相应不确定性分析统计值。

本章节中，蒙特卡洛模拟根据表 5 –1 提供的不确定性参数范围及分布使用蒙特卡洛分析（5000 次重复）进行计算。通常选择置信区间范围在 95% ~99.73% 之间，本研究选取 95% 的置信区间的下限和上限范围。

## 一、分部门结果

吉林市温室气体清单核算边界为范围 1 与范围 2。分部门看，能源活动部门中化石燃料燃烧的燃料数量为该品种能源终端消费量加上能源加工转换环节中的火力发电和供热环节的消耗量减去工业生产中用作原料和材料的部分，包括电力调出的化石燃料燃烧引起的排放。能源活动不确定性为 5.29% ，其中能源活动部门化石燃料燃烧不确定估计按燃料类型划分而非按

部门划分,因为按燃料类型的不确定性参数水平小于按部门划分的水平
(Monni et al.,2004)。生物质属于非商品能源,活动水平统计难度较大,相
对于矿物燃料活动水平来说生物质燃料活动水平数据不确定性也较大;工业
生产过程不确定性为4.65%。工业生产过程数据中水泥、钢铁、硝酸、半导
体行业企业数据根据统计年鉴和部门调研数据核算的是规模以上企业,规模
以下的中小型企业可能产生零散的排放,石灰主要由小规模企业生产、难以
统计活动水平数据难以统计活动水平数据,但工业生产过程不确定性总体小
于能源活动;农业活动、废弃物处理部门的不确定性水平较高,分别为
15.24%、20.65%(见表5-12、表5-13)。

表5-12 蒙特卡洛模拟方法不确定性分析结果 单位:%

| 项目 | 包括土地利用变化与林业 | 不包括土地利用变化与林业 |
|---|---|---|
| 能源活动 | 5.33 | 5.29 |
| 工业生产过程 | 4.66 | 4.65 |
| 农业活动 | 14.77 | 15.24 |
| 土地利用变化与林业 | -37.54 | |
| 废弃物处理 | 20.76 | 20.65 |
| 温室气体总排放 | 5.69 | 4.59 |

注:表中空白处表示无该种类排放数据。

表5-13 蒙特卡洛模拟分析方法描述性统计结果

| 统计值 | 能源活动 | 工业生产过程 | 农业 | 土地利用变化与林业 | 废弃物处理 | 总计 |
|---|---|---|---|---|---|---|
| 平均值 | 4115.21 | 415.13 | 453.53 | -357.01 | 34.25 | 4661.11 |
| 标准偏差 | 220.27 | 19.47 | 68.83 | 134.88 | 7.19 | 267.99 |
| 偏斜度 | 0.05 | 0.00 | 0.17 | -0.19 | 0.05 | 0.00 |
| 峰度 | 2.80 | 2.89 | 3.00 | 3.12 | 2.96 | 2.99 |
| 变异系数 | 0.05 | 0.05 | 0.15 | -0.38 | 0.21 | 0.06 |
| 最小值 | 3335.64 | 353.71 | 195.50 | -919.57 | 11.22 | 3648.45 |
| 最大值 | 4841.17 | 478.58 | 715.38 | 168.08 | 60.35 | 5615.94 |

总体来看，不包括土地利用变化与林业排放的情况下，蒙特卡洛模拟不确定性分析结果4.59%。采用蒙特卡洛模拟分析国家清单的不确定性结果为芬兰（−5%~6%）（Monni，Syri and Savolainen，2004）、奥地利±8.9%（Winiwarter and Rypdal，2001）、荷兰（4.1%~5.4%）（Ramírez et al.，2008）。城市尺度与国家尺度清单不确定性范围具有一定可比性，主要原因是国家和城市温室气体计量框架、不确定性分析框架、使用的统计数据口径获取方式较为统一。

## 二、敏感性分析结果

敏感性分析结果图5−1表明，烟煤燃烧排放因子和烟煤活动水平数据对总的温室气体排放相对贡献最大，分别达到36.5%和19.7%，其他对总排放影响较为显著的参数还包括本省区活立木蓄积量年生长率（−12.4%）、本省区乔木林BEF加权平均值（−7.1%）、褐煤燃烧排放因子（5.8%）和褐煤活动水平数据（2.9%）。敏感性分析结果说明，提高能源活动部门烟煤排放因子、烟煤活动水平数据、褐煤燃烧排放因子和褐煤活动水平数据、土地利用与林业部门的关键参数的精度能够显著降低总体温室气体排放水平的不确定性。

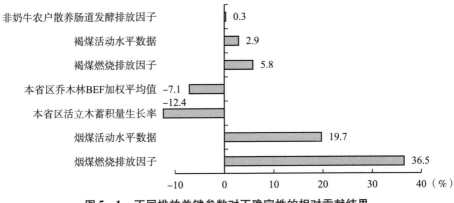

图5−1　不同排放关键参数对不确定性的相对贡献结果

# 第四节　结果分析

（1）采用不同的不确定性合并技术方法会得到不同的不确定评估结果（Uvarova et al.，2014）。不包括土地利用变化与林业排放的情况下，误差传递方法的不确定性分析结果为11.21%，蒙特卡洛模拟不确定性分析结果4.59%。两种合并不确定性方法结果中，能源部门不确定性较大，工业生产过程不确定性较为接近，农业活动、废弃物处理部门的不确定性都相对较高，但由于占总排放量有限，对总体不确定性结果影响有限。烟煤排放因子和烟煤活动水平数据对总的温室气体排放不确定性相对贡献最大。

（2）两种合并不确定性方法的输入数据要求不同，合并不确定性的误差传递方法要求不同的排放源排放因子和活动水平统计数据在参数上独立且不相互依赖，适用范围小。蒙特卡洛模拟分析方法除了需要输入参数的最可能取值以外，还需要描述该参数的概率分布形状的数据信息。蒙特卡洛模拟方法要求的样本数据条件在清单编制过程中不容易满足。蒙特卡洛模拟方法可以提供包括统计描述和敏感性分析等更丰富的分析结果。

|第六章|
# 中国温室气体统计核算框架研究

城市温室气体核算在研究和实践层面上已经广泛展开，但是城市温室气体核算仍然存在较大的不确定性，核算结果对于城市低碳发展的具体行动和措施提供有效支撑和保障作用还需要进一步改善。本章首先对中国城市温室气体清单核算实践中的核算内容、组织流程和主要问题进行总结。在此基础上，提出减少不确定性的温室气体统计核算框架。

## 第一节　中国城市温室气体清单核算实践总结

根据《联合国气候变化框架公约》和国内低碳发展的不断要求，中国温室气体统计核算的实践工作也逐渐展开。低碳试点工作和年度碳强度下降核算等工作的展开促使很多地区开展了温室气体清单编制，包括低碳试点城市和很多非低碳试点城市、工业园区。在实践工作的推动下，温室气体统计核算统计体系的研究也不断完善。

## 一、核算内容

城市温室气体清单编制是一个系统性工程，有效率地编制一份科学完整的城市温室气体清单报告编制依托于良好的框架设计和组织机制。清单编制初期需要明确以下一些具体的问题。

### （一）编制标准

实践中清单编制标准以基于 IPCC 方法学编制的《省级温室气体清单编制指南（试行）》应用最为广泛。

### （二）编制年度

清单编制之初，首先要按照清单用途明确清单的编制年度。从目前的实际情况来看，一般频率为一年。没有按照当地低碳发展需要、以一定的时间频率编制不同年份的城市温室气体清单，难以进行动态纵向比较。

### （三）温室气体种类

2011 年 5 月，国家发展改革委应对气候变化司组织编写了《省级温室气体清单编制指南（试行）》要求核算包括了二氧化碳（$CO_2$）、氧化亚氮（$N_2O$）、甲烷（$CH_4$）、氢氟碳化物（HFCs）、全氟碳化物（PFCs）和六氟化硫（$SF_6$）六种温室气体。2012 年完成的中国第二次国家信息通报也包含上述六种温室气体。由于国家目前只对碳排放指标的考核，一些城市只选择编制能源活动二氧化碳排放情况的清单。

### （四）核算范围

中国城市的地理边界都是以行政区划为边界划分的，包括建成区和农村，与国外城市的意义不同。目前的城市温室气体清单的地理边界都主要以行政管辖区为准，是因为以地理边界为核算范围既利于地方政府切实掌握辖区温室气体排放整体状况，又有助于对城市控制温室气体排放目标的分解和考核。温室气体清单编制"范围"涵盖城市生产活动（直接排放）和消费活动（间接排放）的温室气体排放。清单范围主要包括范围1和范围2排放，由于范围3涉及的温室气体排放源比较宽泛复杂，清单边界不易明晰，统计数据难以获得，所以目前的城市清单一般不考虑范围3排放的核算。另外，在范围2中，由于中国区域供热和制冷很少超出城市行政管辖区，所以通常只核算电力消费导致的间接排放，不考虑供热和制冷导致的间接排放。

## 二、组织流程

城市温室气体清单编制的组织工作流程一般根据城市温室气体清单编制方法学确定的步骤展开。虽然从应用的角度城市温室气体排放清单编制的主体可以多元化，政府部门、科研机构、非政府组织等都可以按照需求进行清单的编制，但不同的编制主体对于清单编制的连续性和精度等会有很大的差异影响。作为低碳城市建设的一项主要内容，这项工作一般由各城市应对气候变化和低碳发展的主管部门组织安排，同专业的研究机构合作按照特定的方法学进行编制。考虑到中国垂直行政管理体系的特点，对于中国城市温室气体清单编制的组织决策一般由城市的发展改革委来牵头组织。清单编制的一般流程可以分为以下四个阶段具体组织实施编制工作：

（1）启动阶段：召开启动会或者座谈会，各个职能部门、主要的企事业单位、当地相关领域专家参与，交流清单编制工作的重要性和当地温室气体排放特点及所需数据的一些情况。成立工作协调小组和专题工作小组，工作协调小组由市级行政部门成员组成，负责清单编制工作的组织协调和督促检查。专题工作小组由市级牵头单位、配合单位、清单编制具体承担专业机构共同组成。指定工作责任人，建立联络协调机制。

（2）实施阶段：主要是数据搜集、整理与核算。制定发放包含数据的可获得性和准确性介绍的分领域数据调研表。各专题小组按照数据需求制订细化的相关数据采集工作方案，与各部门积极配合开展数据收集工作，然后进行回收、整理数据调研表，核算温室气体排放量。

（3）控制阶段：指数据可靠性、有效性验证。在汇总数据过程中，核查可能遗漏和重复的数据，以提高编制清单的准确程度，通过不确定性分析描述清单整体及其组成部分可能值的范围，明确误差范围；还有通过质量控制包括关键类别、活动水平数据、排放因子、其他估算参数和方法的技术评审，以及质量保证由未直接涉足清单编制与制定过程的人员进行评审，以规范数据采集、整理和分析等工作流程。

（4）评审阶段：撰写报告并进行评审。首先按照方法学撰写清单报告初稿，具体内容包括分部门和分气体种类的温室气体排放情况，同时对相关指标（总排放量、人均排放量、单位 GDP 排放量等）进行分析，形成政策建议报告。然后将报告初稿提交城市相关机构讨论，根据反馈意见，课题组内部进行审查。最后召开专家评审会，形成报告终稿。

## 三、主要问题

中国不同规模的城市数量众多，幅员辽阔，聚集了庞大的人口、资源、产业、环境等发展要素，其发展方式的转变和发展质量的提升对于我国未来应对气候变化、发展低碳经济具有重要意义。在低碳发展的政策背景下，中国越来越多的城市已经开展了清单编制工作。中国城市层面的温室气体清单编制实践还处在初级阶段，在认识上、组织上、方法上、技术上及具体问题的解决等方面存在不少认识上的差异，这也给城市温室气体清单的编制工作造成一定的障碍。

中国城市的定义与西方国家对城市定义有相当大的区别，这些区别决定了中国城市温室气体清单编制与西方温室气体清单编制不同的特点。西方国家的城市是指人口、社会经济活动的聚集地，与农村相对应，主要指城市建成区。在中国，城市是一个行政区划概念，同时包括人口和社会经济活动聚集的城市建成区、非建成区和农村地区。因此中国的城市温室气体清单编制通常都是行政区划的概念。城市可以是直辖市、省会城市，也可以是地级市、区县，甚至可以是与区县相似的镇。编制城市温室气体清单首先需要明确城市的定义和类型，最后根据不同类型城市面临的不同挑战提出相应的建议。

除了城市边界与西方有明显不同之外，中国城市温室气体清单编制的主要问题是数据缺乏和应用有限。

（一）数据缺乏

从数据基础来看，由于中国城市能源统计体系基础薄弱，由此给城市温室气体清单编制带来了一系列挑战。温室气体统计核算研究主要基于能源消费统计基础数据，研究和实践都受到可获得数据的时滞性和复杂性的限制。由于能源消费统计基础数据的历史数据不完整和地区数据不全面，采用不同方法修正和口径调整后的数据使研究核算结果之间难以比较。除了少数城市有能源平衡表之外（多数不对外公开），大多数城市层面特别是县级市的相关数据则相对较少。从温室气体统计核算实践来看，大多数温室气体统计核算工作都是围绕着单一核算目标进行的。城市温室气体核算最主要的特点是跨边界活动及相关排放多，而所需的跨界统计数据相对缺乏。

从数据获得上看，城市温室气体清单编制的科学性、严谨性和准确性的要求决定了展开具体工作的技术难度。在清单编制的方法学指导下，需要收集大量的不同活动水平数据。活动水平数据收集指按照选择的方法要求采集所需数据以及整理、汇总生成新数据，是温室气体清单编制的核心步骤。不同尺度、不同领域之间的温室气体统计核算工作之间联系不紧密，还没有形成完整系统的、和各部门相关工作目标相结合的核算框架体系。温室气体统计核算基础统计体系建设主要还在试点阶段，"到处收集"（朱松丽，2011）仍然是不同尺度温室气体清单编制的主要手段。

不同统计系统收集的数据口径不统一，统计基础、部门协调、数据共享的不足，增加了核算成本和数据不确定性。数据来源的不确定性反过来又进一步限制了温室气体统计核算结果的应用。核算数据结果缺乏公开共享机制，温室气体统计核算的学术研究难以服务于政策制定。

（二）应用有限

清单应用上，虽然已经有很多中国城市开展了城市温室气体清单编制工作，但是清单报告的应用情况还不能与清单编制的目标相对应。城市编制完成清单后的后续实践应用非常有限，原因可以归纳为以下三个方面（蒋小谦、房伟权，2015）：

（1）清单编制支撑体系中存在的问题对清单结果应用间接造成影响。主要问题包括统计基础薄弱、部门间协调不畅，以及能力和资金欠缺。

（2）清单本身不完善对决策支持产生限制。主要体现在清单的滞后性影响其在追踪目标完成情况中的应用，以及现有清单内容不能完全满足碳排放影响分析需求。

（3）城市管理者的意愿和认识不足导致清单应用难。意愿不足体现在应对气候变化在地方政府工作议程中优先级别较低，认识不足体现在管理者对数据分析支持决策的作用不够重视。

## 第二节　减少不确定性的温室气体统计核算框架研究

建立基本温室气体排放统计核算框架体系是 2011 年国务院发布的《"十二五"控制温室气体排放工作方案》中提到的主要目标之一，其内涵包括加强温室气体统计核算统计工作，建立构建国家、地方、企业三级温室气体排放基础统计和核算工作体系。虽然中国已经开展了一系列温室气体统计核算研究与实践工作，促进了各项应对气候变化政策的实施，但是还没有形成完善的多尺度温室气体统计核算体系。低碳转型需要全社会的广泛参与，因此有必要根据中国经济社会发展实际，建立科学有效的促进多尺度主体减排的温室气体统计核算体系。

基于减少数据不确定性和促进温室气体统计核算结果应用的目的和关键点，构建多尺度温室气体统计核算框架体系的基本思路可概括为：基于温室气体统计核算的多目标，从多尺度核算主体出发，包括按不同的类别和侧重点的核算内容和核算方法，为实现不同尺度及整体水平上的减排目标服务。为保证操作实施和核算结果的可靠性和应用性，保障核算活动顺利实施的必要政策和措施也是核算框架体系的重要组成部分。本节构建的多尺度温室气体统计核算框架体系由三个层次组成，包括目标层面、核算层面、应用层面，见图6-1。

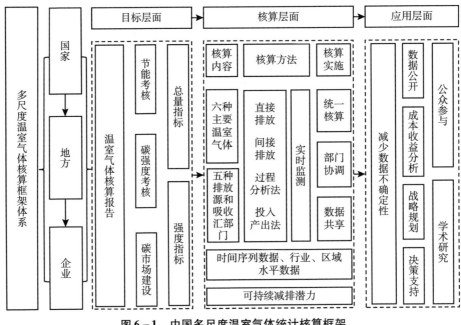

图6-1　中国多尺度温室气体统计核算框架

## 一、目标层面

明确国家、地方和企业不同层次主体温室气体统计核算的目标。不同尺度温室气体统计核算应包含多层面、多方位的目标体系，适应不同核算目标的需求。在不同层面、面向不同主体和对象，其核算目标、核算内容和程序、核算结果应用均应有所区别，又互相联系、有机统一。构建的多尺度核算框架体系应满足不同层次区域政府、企业解决多重目的、多个层面的问题。温室气体统计核算与很多低碳发展工作息息相关，逐级向下分解的中国垂直行政管理体制特点决定了多尺度温室气体统计核算框架体系需要同其他能源和低碳发展目标相对接。核算目的既包括完成不同尺度的温室气体统计核算报告，也应为政府开展相应的区域内政府对重点企业的节能监测、能源消耗强度降低考核、二氧化碳强度目标考核、节能目标责任考核、碳市场建设等工作对接。为这些低碳发展工作的总量指标和强度数据指标类型的统一规范设定等工作提供技术支持，减少不同低碳发展工作的数据获取成本和不确定性，促进发挥温室气体统计核算的最大效益。

为了顺利实现国家减排目标，需将国家减排指标分解到各地方城市、行业和企业。为了使整体减排目标得以实现，必须使温室气体减排目标的分解更为科学合理。各级地方政府、城市和行业都应有一个比较明确的统一可以比较的减排量。由于各级地方政府、城市和行业企业数目众多，资源禀赋差异极大，减排能力、潜力都有很大差别，使温室气体减排目标的分解和管理监督难度很大。减排目标分配需要明确清晰的层次步骤，各级地方政府、城市和行业企业要根据各地区行业发展的实际情况设定温室气体减排目标。需要考虑各地区行业的产业结构、能源消费总量、能源效率水平、能源使用结构、自然气候条件、经济发展水平等因素，综合影响减排的各种因素对减排目标进行分解。

在减排目标的具体设定上，需要各级部门之间相互配合。各级行业企业提出减排目标报给各级地方政府，各级地方政府汇总调整后上报中央政府，中央政府汇总后进行调整平衡后得出目标分配方案。目标分配需要考虑的具体指标包括：经济增长速度、经济总量、产业结构特别是第二产业比例、温室气体减排技术应用情况、自然气候条件、能源消费总量、能源资源禀赋结构、人均能源消费量等，尽量兼顾各地区行业公平与效率提出可行目标。注意东中西部的经济社会发展差异，以及能源调出地区和能源调入地区的差异。根据温室减排情况，逐渐修改调整纳入温室气体控制目标管理的部门范围。建立有效的温室气体减排目标责任制，签订温室气体减排目标责任书。对温室气体减排结果公开，对未能完成温室气体减排目标任务的原因进行分析调查问责制度。

## 二、核算层面

### （一）核算内容

根据不同尺度不同层次主体的一般性和差异性特点，明确编制年度、温室气体种类、系统边界、核算边界主要内容。既要对不同尺度主体实际排放情况进行核算，也要对其在区域层面上、行业层面上的地位和水平进行分析，同时对其减排的可持续能力和潜力进行综合核算。灵活和有针对性地确定核算内容和核算方法，分析不同主体温室气体排放状况的时间序列数据、同其在区域和行业层面上的排放水平进行比较，进而对其减排效果和可持续的减排潜力进行评估。考虑不同尺度不同部门的一般性特点和差异性，不同层次的主体根据自身实际情况对核算内容有所侧重。例如，城市政府温室气体统计核算内容需要对体现城市排放特点的工业、建筑、交通和废弃物处理领域的排放进行重点介绍。

（二）核算标准

要加强规划指导，促进相关温室气体核算统计相关标准法律法规管理工作。完善城市温室气体清单不确定性分析标准。目前尚缺乏城市等区域尺度上的温室气体清单不确定性分析指南或标准。国家和城市温室气体计量框架、不确定性分析框架、使用的统计数据口径较为相似一方面有利于温室气体清单结果和不确定性分析结果的比较，另一方面说明城市温室气体清单不确定性评价研究相对不足。

（三）核算方法

优化核算方法，提高温室气体统计核算数据质量。完善直接排放估计方法，开展间接排放核算在实践中的应用。促进先进温室气体监测技术产品的研发推广使用。按照不同排放源核算标准的要求，促进实现温室气体排放实时监测数据的采集。促进采用信息化技术、集约化核算模式，对温室气体排放目标分配、数据采集、数据报送、核算结果使用等环节进行集中有效管理。综合运用每种方法单独核算和促进不同方法之间相互验证来提高数据质量。改进能源等部门统计指标体系，与国际标准衔接。建立总量指标、强度指标及其相关增长速度、增加量等分析指标以满足不同低碳和能源发展工作的需要。规范排放数据质量控制要求，分类减少不同排放源和吸收汇部门排放数据不确定性。

制订合理的温室气体监测计划。未来需要在城市尺度上根据城市的一般性和差异性特点，灵活和有针对性地改善核算方法，提高温室气体统计核算数据质量。可以在观测数据上将地面测量、卫星遥感观测数据和大气模拟分析模型相结合，在更广泛的系统里对温室气体数据进行衡量和互相验证。

（四）核算实施

构建国家、地方、企业多尺度管理层级控制温室气体排放数据质量。不同层次主体的温室气体统计核算工作都要尽量与现有统计工作体系相结合，建立与排放核算指标体系配套的排放统计调查体系。完善温室气体排放统计数据质量保证管理体系，协调政府部门之间的分工和数据共享。发挥信息技术支撑温室气体统计核算管理促进的基础作用，整合温室气体统计核算资源，采用统一数据采集和处理平台制定不同目标用途的核算报告，减少企业填报数据成本促进一次填报能够同时满足不同部门统计体系调查的需要。

强化重点温室气体排放单位的管理。重点温室气体排放单位的排放信息公开制度可以对温室气体排放单位的排放和减排情况形成有效监督，对温室气体排放重点单位形成压力。对重点温室气体排放单位的排放核算进行综合评价，可以帮助帮助重点温室气体排放单位间进行比较，相互学习最佳实践，从整体上进行减排。重点温室气体排放单位必须建立专门温室气体排放核算管理机构，加强温室气体核算工作情况的监督检查，制定温室气体减排的规划、对规划实施情况进行评估改进。国家有关部门开展建立不同行业温室气体减排的综合评价制度，针对不同地区领域行业，建立温室气体减排评价方法体系。开展评价学习交流工作，帮助温室气体核算和减排最佳实践推广应用。

## 三、应用层面

核算结果应有较强的应用性，促进发挥温室气体统计核算结果在低碳决策和管理方面的作用。减少数据不确定性，汇总不同层次温室气体统计核算结果的方法。定期对温室气体核算结果分析，充分有效利用数据，建立不同领域分析评估预测模型开展深入研究。促进温室气体排放基础数据的公开发布使用，提高发布频率和发布渠道，加强公众参与和促进学术研究，支持清单编制方法的持续改进。充分调动应对气候变化教育机构、研究机构、温室气体减排服务公司组织、相关社会团体等的积极作用，尽可能发挥社会力量共同完成温室气体减排任务。公众参与的有效监督需要建立公平公开透明有效运行的监管机制。加强温室气体减排的成本收益分析，为企业管理者、地方政府和中央政府等了解温室气体排放有关情况、制定相关战略规划奠定了基础。

积极开展形式多样的宣传教育活动，开展扩大温室气体统计培训。排放单位要提高应对气候变化和减缓适应活动的忧患意识，积极参与温室气体减排行动。组织开展温室气体减排宣传与培训，定期对温室气体排放数据收集、统计核算、结果管理分析人员等开展培训。完善城市能源温室气体统计体系，提高城市温室气体核算准确性也有利于促进公众参与，使绿色低碳发展具有可持续性。完善统计体系也有利于促进公众参与，使低碳城市建设具有可持续性。提供准确和稳定的城市温室气体数据可以为城市低碳发展科学决策提供依据。这些数据是准确评估城市低碳发展现状、城市低碳规划编制、政策制定和实施的基础。公众参与可以成为城市推进绿色低碳发展的巨大动力。公众参与城市低碳发展的广度与深度，决定着城市低碳的发展水平。

积极应对气候变化，加快推进绿色低碳发展，是实现可持续发展、推进生态文明建设的内在要求，是加快转变经济发展方式、调整经济结构、推进新的产业革命的重大机遇，也是中国作为负责任大国的国际义务。有效数据的连续可得性和质量是促进核算结果应用制定有效减排政策的关键因素。目前省级行政区域以下尺度统计基础体系相对不够完善，不同尺度区域之间的商品服务贸易和要素流动间的投入产出联系还缺乏深入的研究。广大中小型城市和行业集中度不高的中小型企业的有效数据可获得性更是不容乐观。温室气体统计核算框架体系不仅要满足不同区域的地方和企业制定有效的减排措施，更要有利于国家整体减排目标的实现。温室气体统计核算框架体系未来要在不同尺度上推动均衡、协调和可持续的发展，提供可以影响不同尺度利益相关者减排决策进而减少不同层次上的整体碳排放水平的政策建议。科学有效的温室气体统计核算框架的建立是一项复杂系统工程，需要国家、地方、企业和全社会不断的实践探索和创新。

# 第七章

# 城市温室气体核算促进城市可持续发展

城市消耗巨大能源产生排放影响气候变化的同时也在不断受到气候变化的影响，这决定了城市有责任更有动力实施低碳发展路线。城市需要以温室气体排放核算为基础，明确绿色低碳发展战略目标和重点领域行动计划。在掌握城市温室气体排放历史和现状的情况下，城市低碳情景规划分析包括低碳发展情景目标设定、经济社会能源环境情景模型综合计算和情景结果分析等阶段。城市在完成温室气体核算、设定温室气体排放控制目标和进行低碳情景规划分析之后，就可以开展城市低碳发展路线图的有效制定实施。

# 第一节　低碳发展情景目标设定

## 一、情景分析方法

　　情景分析是研究和制定未来发展战略对策、规划政策措施的常见方法，已经被广泛地应用于能源低碳相关领域。城市低碳发展情景分析是对影响城市未来低碳发展的各种不确定因素进行综合分析，研究不同的减排政策及措施产生的影响和效果。在情景分析的过程中同时采用定性分析与定量分析。定性分析包括影响城市低碳发展的宏观社会经济因素及其趋势分析。在定性分析的基础上的定量分析包括城市温室气体核算的结果分析，对人口、经济规模、产业结构等变量进行量化等。城市温室气体排放的情景通常包括基准情景、优化预测情景和强化预测情景等。温室气体排放的增长通常基于城市人口增长趋势和能源消费增长等数据来预测。由于城市间数据可得性和研究规划实施能力显而易见的异质性，并不存在最佳的情景分析方法，情景分析的框架方法应因地制宜地进行设定。

　　在进行城市低碳情景研究时，首先需要提出假设。假设是通过对城市过去低碳发展相关的因素进行回顾和评价，总结各种影响因素的内在关系及各种影响因素相互作用的规律，对未来影响城市低碳发展趋势的不确定性因素进行评估，得出对未来低碳发展趋势的一些判断。通过分析和比较不同假设条件可能出现的结果，城市可以在未来选择需要采取的减排措施，通过发展低碳技术、经济政策的调整和创新，使未来朝着所选择的方向发展。城市温室气体排放情景虽然不能完全精准地反映现实和未来，但是它仍然可以为城市低碳发展政策制定提供基本的技术支撑。城市低碳发展方案的实施是一个长期动态的过程，根据城市的发展、排放数据的变化需要调整更新。不同城市的数据来源核算方法、减排目标设定和低碳情景规划都是基于不同的方法，因此不能将不同城市简单地对比得出结论。

## 二、情景目标设定

城市温室气体核算对于帮助城市系统应对气候变化影响和减排活动至关重要。世界上很多城市根据自身发展定位制定了温室气体减排目标，这些城市的温室气体减排通常比所在国家政府的减排目标具有更高的标准。城市温室气体减排相关利益者就设定的温室气体减排目标进行讨论，根据国家和区域分解目标和城市发展实际确定城市低碳发展目标。具体目标包括排放总量、排放强度、非化石能源比重、森林覆盖率、森林蓄积量和分领域的低碳发展目标等。对城市低碳发展目标情景进行定性描述，界定构筑城市低碳发展目标情景的主要社会经济能源环境目标范围。征询相关机构学者专家的意见，分析温室气体减排的成本效益，评估可能产生的气候影响和经济影响。进一步讨论减排的可行性，根据城市能力选择合适的低碳发展情景。

不同的核算方法为低碳城市的目标设定提供了不同的变量组合。城市由于自身规模和连接性的特点决定了它们在城市边界外的高排放。度量边界外的排放可以在评估城市供应链应对气候变化时采取更全面的方法，明确温室气体排放的上游和下游的共担责任部分。只核算城市边界内的排放容易导致错误的决策。在一些情况下，仅以地理边界的基于生产的核算可能会促成简单地将排放源移出城市边界的决定。不确定性分析有助于增加对清单结果的理解，有利于准确掌握温室气体排放源和吸收汇的关键类别，确定主要领域排放状况，梳理温室气体排放特征，制定切合实际科学可行的减排目标、任务措施和实施方案。

低碳城市应该考虑的是新技术、科学规划和相关政策。考虑间接排放的核算中排放源更全面，为跨界排放提供了新的评价标准。考虑间接排放的城市温室气体核算体系帮助城市规划者将城市看作一个整体，从整体上考虑区域内未来建筑、交通、电力和物质供应等，从而有利于制定跨部门的减排策略。

# 第二节　低碳情景模型分析

城市能源与城市经济、环境协调发展目标的实现需要建立在以城市区域尺度为研究范围的科学能源系统分析研究的基础上。城市低碳发展情景的设定通过对单个模型参数或者多个模型参数的组合调整实现，可以对一定条件下城市低碳发展可能的途径和能够实现的目标进行客观和深入的分析。常见的分析模型包括可计算的一般均衡模型（Computational General Equilibrium Model，CGE）、系统动力学模型、综合能源系统优化模型（MARKet Allocation，MARKAL）模型和低碳排放分析平台模型（Low Emissions Analysis Platform，LEAP）等。从模型结构上看，能源经济环境模型通常包括宏观经济预测、能源技术分析、分行业、分品种的能源供给、需求和污染物排放等模块。

## 一、CGE 模型

CGE 的理论基础是现代微观经济学的一般均衡理论。目前，国内外 CGE 模型的重点研究方向是能源环境政策的社会、经济影响分析、能源效率相关研究、能源价格、能源强度、能源消费结构相关研究、水资源问题研究等。CGE 模型不对能源系统进行详细描述，因此无法准确估计模拟新技术进步对能源经济环境系统的影响。CGE 模型采用成熟的一般均衡经济理论，所以比较适合分析市场体系比较完善的宏观经济体系。

## 二、系统动力学模型

系统动力学是一种以反馈控制理论为基础，以计算机仿真技术为手段，通常用以研究复杂的社会经济系统的定量方法。城市系统动力学模型主要根据系统动力学的原理，从经济、能源、环境等子系统出发来分析其中各个因素的因果关系，实现城市运行复杂系统的宏观分析和模拟。同地理信息系统相结合的空间系统动力学模型是目前系统动力学发展的热点和研究方向之一。系统动力学方法是对非线性复杂大系统的仿真，系统动力学模型的主要优势在于描述系统内部各部分结构之间的内在联系和变化。城市系统动力学模型的研究重点领域包括城市能源排放、城市交通和水资源等。

## 三、MARKAL 模型和 LEAP 模型

MARKAL 模型以能源生产和消费的技术进步为出发点来分析能源系统，对能源相关技术和工艺流程进行了详细描述和仿真，进而综合分析能源生产和消费对经济和社会的影响。MARKAL 模型对能源供应和需求系统进行了详细的技术参数描述，因此可以被用于国家及城市区域水平上的能源经济环境系统分析。MARKAL 模型可以分析城市不同的能源政策的减排效果，如何才能有效减少二氧化碳等污染物排放以及减少二氧化碳等污染物排放对经济社会发展的好处。LEAP 模型同样也被开发用于国家及区域层面上的能源需求分析和减排措施分析，LEAP 模型还可以应用于部门水平的能源经济环境分析，如电力部门、交通部门、居民消费等。

## 四、混合能源模型

CGE 模型和系统动力学模型主要用于宏观能源经济分析和能源政策规划方面的研究，它们以经济学模型为出发点，重点描述国民经济各部门之间能源生产和消费之间的关系，能源生产、消费等关键技术参数主要作为外生变量设定。这类模型属于经济学领域，强调市场因素，往往低估技术进步的潜力及其对经济的影响。MARKAL 模型属于工程学领域，对技术进行详细描述，未充分考虑经济因素影响往往高估技术进步的潜力。因此，建立既考虑技术细节又能详细分析经济政策效果的整合两类模型优点的综合集成模型被认为是能源经济环境系统模型的发展趋势。

城市低碳发展情景分析对影响城市未来低碳发展的各种不确定因素的进行综合分析，研究不同的减排政策及措施产生的影响和效果。通过城市低碳

发展模型计算得到情景分析结果，定量描述不同情景不同阶段城市分行业部门温室气体排放和低碳发展可能变化趋势。通过情景分析模型模拟结果识别城市低碳发展重点部门包括城市工业、建筑、交通、废弃物管理等领域。

## 第三节  低碳发展政策实施

对城市低碳发展情景结果进行分析，分析城市达到这种低碳情景的各种条件，在此基础上实施低碳发展政策。

第一，成立专门的工作领导小组，能够与城市低碳发展相关的部门协调合作。组织跨领域的研究专家同产业部门、公共机构和民间组织，按照国家和区域低碳发展工作战略要求，研究城市低碳发展相关理论政策研究。具体包括城市温室气体核算、城市低碳发展目标、碳排放指标分解方案、碳排放指标考核体系、分行业分阶段、分步骤低碳发展实施方案等。

第二，在充分研究、调研论证的基础上，客观分析城市低碳发展的背景、基础，以及面临的主要机遇和挑战。从城市发展的实际出发，积极探索城市因地制宜的低碳发展路径，评估整合城市已有减排政策行动措施。城市低碳发展路线图的制定需要整合已有的减排行动，根据已有的行动和未来发展的规划形成综合性的发展规划。已有的低碳发展措施包括相关政策法规、低碳发展规划、碳交易制度、节能减排制度等。城市低碳发展需要结合已有低碳发展路径（模式）和重点优势领域政策机制进行创新研究。合理的政策设计需要体现行业和区域特点，不同行业和地区需要分阶段采取不同的推进策略。鼓励和支持不同行业和地区从当地的具体情况出发，充分考虑不同行业和地区在发展道路与模式方面的地区差异，使产业结构与经济发展相适应，因地制宜地选择各具特色的低碳发展模式。开展城市不同领域低碳发展模式研究，加强交流和学习。

第三，重视成本收益分析。主要的低碳发展方式为技术升级改造减少能源消费、提高能源效率、培育清洁能源市场增加清洁能源使用等。新技术采用要重视成本收益分析，综合考虑新技术新能源使用的中长期经济环境收益，可再生能源发展要符合地区自然资源条件。强化高耗能工业节能技术，促进已有低碳发展技术的推广应用，提供信息支持培养相关市场的发展。为低碳发展争取资金支持，努力争取政府发展资金，采取政策优惠措施吸引社会投资。通过低碳发展行动努力提高经济社会收益，创造更多的就业机会、改善城市人居环境。完善制度建设对温室气体减排进行监督激励和问责，采用评价指标来监测各行业部门的减排进程和减排效果。最后根据温室气体核算结果、温室气体减排技术发展，经济社会发展水平的变化，定期更新改进低碳发展目标和减排行动方案。

第四，加强公众参与促进城市低碳发展目标实现。目前城市区域低碳发展主要依靠政府推动，社会公众参与有待提高。政府以外的其他利益相关者参与城市低碳发展不足，公众相对缺少参与城市低碳发展监督的渠道。随着城市低碳发展问题越来越复杂，需要加强公众参与城市低碳发展的意识。城市低碳发展的目标实现需要社会的广泛参与，不同的社会群体需要尽量采取相应行动发挥他们在城市低碳发展中的作用，帮助城市建立最优减排的有效机制。城市低碳发展需要公众参与，有效的城市低碳发展规划最终要落实到城市个体行为的改变上来。公众参与加强低碳消费就可以促进从各种产品消费阶段影响产品生产体系的各个不同阶段低碳发展，从而实现城市生产和消费都低碳发展的目的。

# 参考文献

［1］白卫国，庄贵阳，朱守先，等．关于中国城市温室气体清单编制四个关键问题的探讨［J］．气候变化研究进展，2013（5）：335-340.

［2］白卫国，庄贵阳，朱守先，等．中国城市温室气体清单核算研究——以广元市为例［J］．城市问题，2013（8）：13-18.

［3］蔡博峰，张力小．上海城市二氧化碳排放空间特征［J］．气候变化研究进展，2014（6）：417-426.

［4］蔡博峰．城市温室气体清单研究［J］．气候变化研究进展，2011，7（1）：23-28.

［5］蔡博峰．国际城市 $CO_2$ 排放清单研究进展及评述［J］．中国人口·资源与环境，2013（10）：72-80.

［6］蔡博峰．中国4个城市范围 $CO_2$ 排放比较研究——以重庆市为例［J］．中国环境科学，2014（9）：2439-2448.

［7］蔡博峰．中国城市温室气体清单研究［J］．中国人口·资源与环境，2012（1）：21-27.

［8］陈操操，刘春兰，田刚，等．城市温室气体清单评价研究［J］．环境科学，2010（11）：2780-2787.

［9］顾朝林，袁晓辉．中国城市温室气体排放清单编制和方法概述［J］．城市环境与城市生态，2011（1）：1-4.

［10］顾朝林．城市碳排放清单及其规划应用研究［J］．南方建筑，2013

（4）：4－12.

[11] 国家发展和改革委员会能源研究所，国家气候变化对策协调小组办公室．中国温室气体清单研究 [M]．北京：中国环境科学出版社，2007.

[12] 国家气候战略中心．2010 年中国区域及省级电网平均二氧化碳排放因子 [R]．北京：国家气候战略中心，2013.

[13] 蒋小谦，房伟权．中国城市温室气体清单应用的领域、挑战和建议 [R]．北京：世界资源研究所，2015.

[14] 李善同，齐舒畅，许召元．2002 年中国地区扩展投入产出表：编制与应用 [M]．北京：经济科学出版社，2010.

[15] 刘卫东，陈杰，唐志鹏，等．中国 2007 年 30 省区市区域间投入产出表编制理论与实践 [M]．北京：中国统计出版社，2012.

[16] 省级温室气体清单编制指南编写组．省级温室气体清单编制指南（试行）[R]．北京：国家发展改革委应对气候变化司，2011.

[17] 石敏俊，张卓颖．中国省区间投入产出模型与区际经济联系 [M]．北京：科学出版社，2012.

[18] 史亚东．各国二氧化碳排放责任的实证分析 [J]．统计研究，2012（7）：61－67.

[19] 叶祖达．国外城市区域温室气体清单编制对我国城乡规划的启示 [J]．现代城市研究，2011（11）：22－30.

[20] 叶祖达．温室气体清单在城乡规划建设管理中的应用 [J]．城市规划，2011（11）：35－41.

[21] 张亚雄，齐舒畅．2002—2007 年中国区域间投入产出表 [M]．北京：中国统计出版社，2012.

[22] 张友国．基于经济利益的区域能耗责任研究 [J]．中国人口·资源与环境，2014（9）：75－83.

[23] 赵慧卿，郝枫．中国区域碳减排责任分摊研究——基于共同环境责任视角 [J]．北京理工大学学报（社会科学版），2013（6）：27－32.

[24] 中国社会科学院城市发展与环境研究所．中国城镇温室气体清单编制指南 [R]．北京：中国社会科学院城市发展与环境研究所，2014.

［25］ 朱松丽. 澳大利亚能源活动温室气体排放清单编制经验及对我国的借鉴意义 ［J］. 气候变化研究进展，2011（3）：204－209.

［26］ 庄贵阳，白卫国，朱守先. 基于城市电力消费间接排放的城市温室气体清单与省级温室气体清单对接方法研究 ［J］. 城市发展研究，2014（2）：49－53.

［27］ Andres R J, Boden T A, Breon F M, et al. A synthesis of carbon dioxide emissions from fossil-fuel combustion ［J］. Biogeosciences, 2012, 9 (5): 1845－1871.

［28］ Andrew R, Forgie V. A three-perspective view of greenhouse gas emission responsibilities in New Zealand ［J］. Ecological Economics, 2008, 68 (1): 194－204.

［29］ Association Bilan Carbone. Methodology Guide—Version 8—Accounting Principles and Objectives. , 7 June 2021 ［R］. Paris, France: ADEME (The French Environment and Energy Management Agency), 2017.

［30］ Bastianoni S, Pulselli F M, Tiezzi E. The problem of assigning responsibility for greenhouse gas emissions ［J］. Ecological Economics, 2004, 49 (3): 253－257.

［31］ BSI. PAS 2070: Specification for the Assessment of Greenhouse Gas Emissions of a City ［R］. British Standards Institutuion, 2013.

［32］ C40, ICLEI, WRI. Global Protocol for Community－Scale Greenhouse Gas Emission Inventories (GPC)—An Accounting and Reporting Standard for Cities ［R］. C40 Cities Climate Leadership Group: London, UK; International Council for Local Environmental Initiatives Local Governments for Sustainability: Bonn, Germany; World Resources Institute: Washington, DC, USA, 2014.

［33］ Cadarso M, López L, Gómez N, et al. International trade and shared environmental responsibility by sector: An application to the Spanish economy ［J］. Ecological Economics, 2012, 83: 221－235.

［34］ Chavez A, Ramaswami A. Progress toward low carbon cities: approaches for transboundary GHG emissions' footprinting [J]. Carbon Management, 2011, 2 (4): 471 –482.

[35] Davis S J, Caldeira K. Consumption-based accounting of $CO_2$ emissions [J]. Proceedings of the National Academy of Sciences, 2010, 107 (12): 5687 – 5692.

[36] Edens B, Delahaye R, van Rossum M, et al. Analysis of changes in Dutch emission trade balance (s) between 1996 and 2007 [J]. Ecological Economics, 2011, 70 (12): 2334 –2340.

[37] Ferng J. Allocating the responsibility of $CO_2$ over-emissions from the perspectives of benefit principle and ecological deficit [J]. Ecological Economics, 2003, 46 (1): 121 –141.

[38] Gallego B, Lenzen M. A consistent input-output formulation of shared producer and consumer responsibility [J]. Economic Systems Research, 2005, 17 (4): 365 –391.

[39] Guan D, Liu Z, Geng Y, et al. The gigatonne gap in China's carbon dioxide inventories [J]. Nature Climate Change, 2012, 2 (9): 672.

[40] Gusti M, Jonas M. Terrestrial full carbon account for Russia: revised uncertainty estimates and their role in a bottom-up/top-down accounting exercise [J]. Climatic Change, 2010, 103 (1 –2): 159 –174.

[41] Haimes Y Y, Lambert J H. When and how can you specify a probability distribution when you don't know much? II [J]. Risk Analysis, 1999, 19 (1): 43 –46.

[42] Hillman T, Ramaswami A. Greenhouse gas emission footprints and energy use benchmarks for eight US cities [J]. Environmental Science & Technology, 2010, 44 (6): 1902 –1910.

[43] Houghton R A, House J I, Pongratz J, et al. Carbon emissions from land use and land-cover change [J]. Biogeosciences, 2012, 9 (12): 5125 – 5142.

[44] ICLEI. International Local Government GHG Emissions Analysis Protocol Ver-

sion 1. 0 [R]. USA: International Council for Local Environmental Initiatives, 2009.

[45] ICLEI. U. S. Community Protocol for Accounting and Reporting of Greenhouse Gas Emission (Version 1. 0) [R]. USA: International Council for Local Environmental Initiatives, 2012.

[46] IPCC. 2006 IPCC Guidelines for National Greenhouse Gas Inventories [R]. IGES, Japan: Intergovernmental Panel on Climate Change, 2006.

[47] IPCC. 2019 Refinement to the 2006 IPCC Guidelines for National Greenhouse Gas Inventories [R]. Switzerland: eds. E. Calvo Buendia, K. Tanabe, A. Kranjc, J. Baasansuren, M. Fukuda, S. Ngarize, A. Osako, Y. Pyrozhenko, P. Shermanau, S. Federici, IPCC, 2019.

[48] IPCC. Good Practice Guidance and Uncertainty Management in National Greenhouse Gas Inventories [R]. Hayama: Intergovernmental Panel on Climate Change (IPCC), 2000.

[49] IPCC. Managing Uncertainty in National Greenhouse Gas Inventories [R]. Hayama, Kanagawa, Japan: Intergovernmental Panel on Climate Change, 2000.

[50] IPCC. Revised 1996 IPCC Guidelines for National Greenhouse Gas Inventories [R]. Bracknell, United Kingdom: Intergovernmental Panel on Climate Change, 1997.

[51] IPCC. Second Assessment Report. Climate Change 1995: WGI – The Science of Climate Change [R]. Cambridge University Press. Cambridge, U. K: Intergovernmental Panel on Climate Change; J. T. Houghton, L. G. Meira Filho, B. A. Callander, N. Harris, A. Kattenberg, and K. Maskell (eds. ), 1996.

[52] Kanemoto K, Lenzen M, Peters G P, et al. Frameworks for comparing emissions associated with production, consumption, and international trade [J]. Environmental science & technology, 2011, 46 (1): 172 – 179.

[53] Lenzen M, Kanemoto K, Moran D, et al. Mapping the structure of the

world economy [J]. Environmental Science & Technology, 2012, 46 (15): 8374 – 8381.

[54] Lenzen M, Murray J, Sack F, et al. Shared producer and consumer responsibility—theory and practice [J]. Ecological Economics, 2007, 61 (1): 27 – 42.

[55] Lin J, Liu Y, Meng F, et al. Using hybrid method to evaluate carbon footprint of Xiamen City, China [J]. Energy Policy, 2013, 58: 220 – 227.

[56] Liu Z, Guan D, Wei W, et al. Reduced carbon emission estimates from fossil fuel combustion and cement production in China [J]. Nature, 2015, 524 (7565): 335 – 338.

[57] Liu Z, Liang S, Geng Y, et al. Features, trajectories and driving forces for energy-related GHG emissions from Chinese mega cites: the case of Beijing, Tianjin, Shanghai and Chongqing [J]. Energy, 2012, 37 (1): 245 – 254.

[58] Marques A, Rodrigues J, Lenzen M, et al. Income-based environmental responsibility [J]. Ecological Economics, 2012, 84: 57 – 65.

[59] Ministry of the Environment Government of Japan. The Manual of the Action Plan for Greenhouse Gas Emission Reduction in Local Government Operations (1st Edition) [Z]. Tokyo, Japan: 2009.

[60] Monni S, Syri S, Savolainen I. Uncertainties in the Finnish greenhouse gas emission inventory [J]. Environmental Science & Policy, 2004, 7 (2): 87 – 98.

[61] Munksgaard J, Pedersen K A. $CO_2$ accounts for open economies: producer or consumer responsibility? [J]. Energy Policy, 2001, 29 (4): 327 – 334.

[62] Pan J, Phillips J, Chen Y. China's balance of emissions embodied in trade: approaches to measurement and allocating international responsibility [J]. Oxford Review of Economic Policy, 2008, 24 (2): 354 – 376.

[63] Pedersen O G, Haan M. The system of environmental and economic accounts

2003 and the economic relevance of physical flow accounting ［J］. Journal of Industrial Ecology, 2006, 10 (1 -2): 19 -42.

［64］ Peters G P, Andrew R, Lennox J. Constructing an environmentally-extended multi-regional input-output table using the GTAP database ［J］. Economic Systems Research, 2011, 23 (2): 131 -152.

［65］ Peters G P, Hertwich E G. Post-Kyoto greenhouse gas inventories: production versus consumption ［J］. Climatic Change, 2008, 86 (1 -2): 51 - 66.

［66］ Peters G P, Marland G, Hertwich E G, et al. Trade, transport, and sinks extend the carbon dioxide responsibility of countries: An editorial essay ［J］. Climatic Change, 2009, 97 (3 -4): 379 -388.

［67］ Peters G P, Minx J C, Weber C L, et al. Growth in emission transfers via international trade from 1990 to 2008 ［J］. Proceedings of the National Academy of Sciences, 2011, 108 (21): 8903 -8908.

［68］ Peters G P. Carbon footprints and embodied carbon at multiple scales ［J］. Current Opinion in Environmental Sustainability, 2010, 2 (4): 245 - 250.

［69］ Pula G, Peltonen T A. Has emerging Asia Decoupled? An Analysis of Production and Trade Linkages Using the Asian International Input-Output Table ［M］. Emerald Group Publishing Limited, 2011.

［70］ Ramaswami A, Chavez A, Ewing-Thiel J, et al. Two approaches to greenhouse gas emissions foot-printing at the city scale ［J］. Environmental Science & Technology, 2011, 45 (10): 4205 -4206.

［71］ Ramírez A, de Keizer C, Van der Sluijs J P, et al. Monte Carlo analysis of uncertainties in the Netherlands greenhouse gas emission inventory for 1990 - 2004 ［J］. Atmospheric Environment, 2008, 42 (35): 8263 -8272.

［72］ Rodrigues J F, Domingos T M, Marques A P. Carbon Responsibility and Embodied Emissions: Theory and Measurement ［M］. Routledge, Taylor & Francis, 2010.

［73］ Rodrigues J, Domingos T, Giljum S, et al. Designing an indicator of envi-ronmental responsibility ［J］. Ecological Economics, 2006, 59 （3）: 256 – 266.

［74］ Rypdal K, Winiwarter W. Uncertainties in greenhouse gas emission invento-ries—evaluation, comparability and implications ［J］. Environmental Sci-ence & Policy, 2001, 4 （2）: 107 – 116.

［75］ Sato M. Embodied carbon in trade: a survey of the empirical literature ［J］. Journal of Economic Surveys, 2014, 28 （5）: 831 – 861.

［76］ Serrano M, Dietzenbacher E. Responsibility and trade emission balances: An evaluation of approaches ［J］. Ecological Economics, 2010, 69 （11）: 2224 – 2232.

［77］ Shan Y, Liu Z, Guan D. $CO_2$ emissions from China's lime industry ［J］. Applied Energy, 2016, 166: 245 – 252.

［78］ Shvidenko A, Schepaschenko D, McCallum I, et al. Can the uncertainty of full carbon accounting of forest ecosystems be made acceptable to policymak-ers? ［J］. Climatic Change, 2010, 103 （1 – 2）: 137 – 157.

［79］ Steininger K, Lininger C, Droege S, et al. Justice and cost effectiveness of consumption-based versus production-based approaches in the case of unilat-eral climate policies ［J］. Global Environmental Change, 2014, 24: 75 – 87.

［80］ The Covenant of Mayors Initiative. Baseline Emissions Inventory/Monitoring Emissions nventory Methodology ［R］. Luxembourg: Publications Office of the European Union, 2010.

［81］ Tian H, Chen G, Lu C, et al. North American terrestrial $CO_2$ uptake large-ly offset by $CH_4$ and $N_2O$ emissions: toward a full accounting of the green-house gas budget ［J］. Climatic Change, 2015, 129 （3）: 413 – 426.

［82］ Marcel T, Abdul A E, Reitze G, et al. The World Input – Output Database （WIOD）: Contents, Sources and Methods ［Z］. Institue for International and Development Economics, 2012.

［83］ UNEP, UN-HABITAT, The World Bank. International Standard for Determining Greenhouse Gas Emissions for Cities, Version 2. 2 ［R］. World Urban Forum, Brazil, 2010.

［84］ Uvarova N E, Kuzovkin V V, Paramonov S G, et al. The improvement of greenhouse gas inventory as a tool for reduction emission uncertainties for operations with oil in the Russian Federation ［J］. Climatic Change, 2014, 124 (3): 535 - 544.

［85］ WBGU. The Accounting of Biological Sinks and Sources Under the Kyoto Protocol: A Step Forwards or Backwards for Global Environmental Protection? Special Report ［R］. Bremerhaven, Germany: German Advisory Council on Global Change (WBGU), 1998.

［86］ Wiedmann T. A review of recent multi-region input-output models used for consumption-based emission and resource accounting ［J］. Ecological Economics, 2009, 69 (2): 211 - 222.

［87］ Winiwarter W, Muik B. Statistical dependence in input data of national greenhouse gas inventories: effects on the overall inventory uncertainty ［J］. Climatic Change, 2010, 103 (1): 19 - 36.

［88］ Winiwarter W, Rypdal K. Assessing the uncertainty associated with national greenhouse gas emission inventories: a case study for Austria ［J］. Atmospheric Environment, 2001, 35 (32): 5425 - 5440.

［89］ WRI, IUE, WWF, 等. 城市温室气体核算工具指南（测试版 2.0）［R］. 北京: 世界资源研究所, 中国社会科学院城市发展与环境研究所, 世界自然基金会, 可持续发展社区协会, 2013.